Anke Wagner · Claudia Wörn

Erklären lernen – Mathematik verstehen
Ein Praxisbuch mit Lernangeboten

Klett | Kallmeyer

Bibliografische Information der Deutschen Nationalbibliothek
Die Deutsche Nationalbibliothek verzeichnet diese Publikation in der Deutschen Nationalbibliografie;
detaillierte bibliografische Daten sind im Internet über http://dnb.d-nb.de abrufbar.

Impressum

Anke Wagner, Claudia Wörn
Erklären lernen – Mathematik verstehen
Ein Praxisbuch mit Lernangeboten

1. Auflage 2011

Das Werk und seine Teile sind urheberrechtlich geschützt. Jede Nutzung in anderen
als den gesetzlich zugelassenen Fällen bedarf der vorherigen schriftlichen Einwilligung
des Verlages. Hinweis zu § 52 a UrhG: Weder das Werk noch seine Teile dürfen
ohne eine solche Einwilligung eingescannt und in ein Netzwerk eingestellt werden.
Dies gilt auch für Intranets von Schulen und sonstigen Bildungseinrichtungen.
Fotomechanische oder andere Wiedergabeverfahren nur mit Genehmigung des Verlages.

© 2011. Kallmeyer in Verbindung mit Klett
Friedrich Verlag GmbH
D-30926 Seelze
Alle Rechte vorbehalten.
www.friedrich-verlag.de

Redaktion: Kathrin Massar, Frankfurt am Main
Satz: Jürgen Rohrßen, Hannover
Druck: Kessler Druck + Medien GmbH & Co. KG, Bobingen
Printed in Germany

ISBN: 978-3-7800-1072-8

Nicht in allen Fällen war es uns möglich, den Rechteinhaber ausfindig zu machen. Berechtigte
Ansprüche werden selbstverständlich im Rahmen der üblichen Vereinbarungen abgegolten.

Anke Wagner · Claudia Wörn

Erklären lernen – Mathematik verstehen

Ein Praxisbuch mit Lernangeboten

Klett | Kallmeyer

Vorwort 7

Kapitel I: Erklären – eine Einführung 10

    1 Was ist Erklären? 10
    1.1 Erklären aus alltäglicher Perspektive 10
    1.2 Erklären aus sprachlicher Perspektive 12
    1.3 Erklären aus wissenschaftstheoretischer Perspektive 12
    1.4 Erklären aus erziehungswissenschaftlicher Perspektive 13
    1.5 Erklären aus konstruktivistischer Perspektive 14
    1.6 Erklären aus empirischer Perspektive 18

    2 Unterrichtliches Erklären 20
    2.1 Welche Erklärungen kommen im Unterricht vor? 22
    2.2 Wie laufen Erklärungen im Unterricht ab? 23

    3 Gutes Erklären 26
    3.1 Strukturelle Kriterien 26
    3.2 Inhaltliche Kriterien 28
    3.3 Adressatenbezogene Kriterien 30
    3.4 Weitere Kriterien 30

Kapitel II: Erklären im Mathematikunterricht 32

    1 Was wird im Mathematikunterricht erklärt? 32
    1.1 Was-Erklärungen 32
    1.2 Wie-Erklärungen 35
    1.3 Warum-Erklärungen 37

    2 Wie wird im Mathematikunterricht erklärt? 46
    2.1 Schriftliches und mündliches Erklären 46
    2.2 Erklären mit Veranschaulichungen 49
    2.3 Methodische Überlegungen zum Erklären 52

Kapitel III: Erklären lernen ... 56

 1 Kritzelbilder zum Erklären ... 56
 2 Über Erklären diskutieren ... 58
 3 Erklärungen ausrichten an Wissens- oder Verständnislücken ... 63
 4 Erklärungen strukturieren ... 69
 5 Erklären von mathematischen Zusammenhängen mit Darstellungen ... 78
 6 Erklären von Sachzusammenhängen mit Darstellungen ... 86
 7 Passung von Sprache und Darstellung beim Erklären ... 91
 8 Erklären variieren ... 97
 9 Erklärkarten anfertigen ... 104
10 Erklären simulieren mit Vorbereitungszeit ... 107
11 Erklären simulieren ohne Vorbereitungszeit ... 112
12 Mündliche Erklärsequenzen analysieren und reflektieren ... 116
13 Schriftliche Erklärungen analysieren ... 125
14 Erklärungen reduzieren ... 135
15 Spielerisch erklären lernen ... 141

Literaturverzeichnis ... 146

Stichwortverzeichnis ... 149

Abbildungsnachweis ... 150

Legende

(**A**) Aufgabenkasten

(**i**) Infokasten

(**D**) Kasten mit Lehrer-Schüler-Dialogen bzw. Schüleraussagen

Vorwort

Ich hätte viele Dinge begriffen, hätte man sie mir nicht erklärt.
(Stanislaw Jerzy Lec, 1909-1966, poln. Schriftsteller)

Verfolgt man die aktuelle mathematikdidaktische Literatur, so bekommt das Erklären durch Lehrer zunächst einen negativen Beigeschmack. Das Bild eines Unterrichts, in dem ein Lehrer vor der Klasse steht und erklärt, gilt als veraltet und nicht mehr angemessen. Schüler sollen im Unterricht eine aktive Rolle einnehmen und bei der Gestaltung mitwirken. Lehrererklärungen scheinen da nicht mehr ins Bild zu passen. Deshalb mag es verwundern, dass sich das vorliegende Buch dennoch mit Erklären bzw. Erklärungen im Unterricht beschäftigt.

Nachstehende Beispiele zeigen jedoch, dass sich gerade auch in einem zeitgemäßen Unterricht vielfach Situationen ergeben, in denen Lehrererklärungen von essenzieller Bedeutung sind:

▸ Ein Sachverhalt, eine vorausgegangene Erklärung, eine Aufgabenstellung oder eine Arbeitsanweisung wurde nicht verstanden und bedarf einer zusätzlichen, verständlicheren oder alternativen Erklärung durch den Lehrer.
▸ Eine von Schülern abgegebene Erklärung trifft nicht den Kern des mathematischen Problems und ist nach Einschätzung des Lehrers zu oberflächlich. Der Lehrer versucht, mit einer ergänzenden Erklärung die Einsicht fachlich zu vertiefen.
▸ Während Schüler anderen Schülern etwas erklären, übernimmt der Lehrer die Rolle des Moderators. Treten im Zuge solcher Schülerpräsentationen fachliche Mängel bzw. Verständnisschwierigkeiten auf, dann verlässt der Lehrer diese Rolle und schlüpft kurzzeitig in die Rolle des Erklärenden, um Verständnislücken schnell zu schließen.
▸ In Reflektionsphasen möchte der Lehrer für alle Schülerinnen und Schüler eine zusammenfassende, klare und gut strukturierte Erklärung abgeben, um das zentrale Problem (besser) zu fokussieren.

Neben solchen Unterrichtssituationen, in denen die Fähigkeit eines Lehrers, gut zu erklären, eine wichtige Rolle spielt, ergeben sich in einem modernen Unterricht darüber hinaus verstärkt auch Situationen, in denen es wichtig ist, adäquat mit Schülererklärungen umzugehen:

▸ Schülerinnen und Schüler diskutieren über Aufgaben und erklären sich gegenseitig verschiedene Ideen, Strategien und Lösungsansätze. Diese Erklärungen müssen aufgegriffen, in das Unterrichtsgeschehen eingebunden und entsprechend weiterentwickelt werden.

Vorwort

- Bei der Entwicklung von Aufgaben, die Schüler dazu auffordern, selbst Dinge zu erklären, müssen sich Lehrer bereits im Vorfeld Gedanken über den Erwartungshorizont der entstehenden Schülererklärungen machen. Die Kriterien, die dabei eine Rolle spielen, sollten bereits bei der Aufgabenentwicklung berücksichtigt werden.
- Schüler müssen dazu angeleitet werden, selbst erklären zu lernen und Erklärungen zu beurteilen.
- Von Schülern verfasste schriftliche Erklärungen müssen beurteilt werden.

Die Fähigkeit, selbst erklären zu können sowie mit abgegebenen Erklärungen adäquat umgehen zu können, setzt ein spezielles Wissen voraus. Dieses besondere Wissen unterscheidet sich deutlich von dem Wissen eines „normalen" Erwachsenen. Ihm reicht das Wissen darüber, wie man beispielsweise die Grundfläche eines Zimmers berechnet, um einen Bodenbelag bestellen zu können, völlig aus. Lehrer dagegen müssen darüber hinausgehend über ein besonderes *Erklärungswissen* verfügen. Sie müssen wissen, welche möglichen Zugänge und Erklärungen zu ein und demselben spezifischen mathematischen Inhalt existieren und wie sie diesen in unterschiedlicher Art und Weise ihren Schülerinnen und Schülern nahebringen können.

Aus Sicht der Schülerinnen und Schüler ist eine der wichtigsten Kompetenzen eines guten Lehrers die Fähigkeit, gut erklären zu können. Doch was genau tun Lehrer, wenn sie gut erklären? Wie sieht diese Kompetenz aus? Können angehende Lehrerinnen und Lehrer lernen, gut zu erklären?

Beim Erklären geht es darum, einem Nichtwissenden einen Sachverhalt verständlich zu machen. Der Frage nach dem *Wie* kommt hierbei die tragende Rolle zu. *Wie* genau muss erklärt werden, sodass die Erklärung beim Zuhörer ankommt?

Mit dieser Frage müssen sich Lehrer tagtäglich auseinandersetzen, indem sie in ihrer Unterrichtsvorbereitung überlegen, auf welche Art und Weise man Kindern oder Jugendlichen bestimmte mathematische Inhalte, wie beispielsweise das Bruchrechnen oder das Lösen von Gleichungen, kognitiv zugänglich machen kann. Für jeden mathematischen Inhalt, für jede Klasse, im Prinzip für jeden Schüler muss diese Frage aufs Neue beantwortet werden. Unterschiedliche Leistungsniveaus von Schülerinnen und Schülern müssen dabei berücksichtigt werden.

Wie alle zentralen Kompetenzen müsste auch die Handlungskompetenz des Erklärens bereits während der Lehrerausbildung erworben werden, was aber leider allzu selten geschieht. Diese Defizite lassen sich aufgrund der Komplexität des heutigen Unterrichtsalltags später dann nur noch schwer kompensieren.

Dieses Buch richtet sich daher an angehende und bereits tätige Lehrer sowie an alle, die in der Lehrerausbildung tätig und für diese verantwortlich sind. Ebenso möchte es alle Erwachsenen ansprechen, die sich für das Erklären interessieren, weil sie beispielsweise ihren Kindern Rede und Antwort zu mathematischen Fragen stehen müssen.

Das Buch ist in drei Kapitel unterteilt: Kapitel I beschäftigt sich mit der Frage, wie der Begriff *erklären* gefasst werden kann. Hierzu werden Ergebnisse aus empirischen Studien und Erklärmodelle vorgestellt und diskutiert. Darüber hinaus werden die Besonderheiten unterrichtlichen Erklärens sowie Kriterien guten Erklärens herausgearbeitet. In Kapitel II wird das Erklären im Mathematikunterricht näher beleuchtet. Dazu gehören zum einen Überlegungen, was genau im Mathematikunterricht erklärt wird, zum anderen Ausführungen darüber, welche Arten von Erklärungen im Unterricht vorkommen.

Der Schwerpunkt des Buches liegt auf Kapitel III. Dieser Teil enthält spezielle Lernangebote, die sich an den in Kapitel II dargestellten Kriterien guten Erklärens orientieren und jeweils einen oder mehrere Teilaspekte fördern. Die Lernangebote sind dabei so gestaltet, dass der Leser sich selbst mit dem jeweiligen Inhalt auseinandersetzen kann. Zunächst wird in Form einer Einleitung dargelegt, was Gegenstand des jeweiligen Lernangebots ist. Anhand eines Beispiels wird dies verdeutlicht. Es schließen sich dann Erläuterungen zum Lernpotenzial des Lernangebots sowie konkrete Übungen an, wobei ein besonderes Augenmerk der Analyse und Reflexion gilt. Für Leser, die sich nicht intensiver in die Theorie des Erklärens einarbeiten möchten, sind diese Lernangebote auch losgelöst von den Kapiteln I und II durchführbar.

Kapitel I: Erklären – eine Einführung

Einfache Dinge werden manchmal sehr kompliziert, wenn man sie zu erklären versucht.

(Anke Maggauer-Kirsche, *1948, deutsche Lyrikerin)

1 Was ist Erklären?

Haben Sie sich schon einmal Gedanken darüber gemacht, was man unter dem Begriff *erklären* versteht? Was genau tut jemand, wenn er erklärt? Was läuft beim Erklären sprachlich ab? Gibt es neben dem Sprechen auch andere Handlungen, die ein Erklärender während des Erklärens ausführt? Wie lässt sich der Begriff *Erklären* also fassen?

Im ersten Teil dieses Kapitels wird der Begriff *Erklären* aus unterschiedlichen Blickwinkeln näher betrachtet. Ausgehend von einer eher alltäglichen Sichtweise wird in der Folge dargestellt, wie *Erklären* aus sprachlicher, wissenschaftstheoretischer, erziehungswissenschaftlicher, konstruktivistischer und empirischer Perspektive beleuchtet werden kann.

1.1 Erklären aus alltäglicher Perspektive

Fragt man Erwachsene danach, was sie unter dem Begriff *erklären* verstehen, dann erhält man die in Abbildung 1 (S. 11) dargestellten Antworten:

Welcher Eindruck ergibt sich aus diesen Aussagen? Zunächst wird deutlich, dass das Erklären häufig mit dem Verstehen in Zusammenhang gebracht wird. Man erklärt jemandem etwas und möchte, dass dieser die Sache dann auch versteht. Ein Blick in die Literatur bestätigt das enge Verhältnis von Erklären und Verstehen:

> *Das Verstehen kann als Komplement zum Erklären betrachtet werden. Denn die zentrale und notwendige Funktion des Erklärens ist es, etwas verstehbar zu machen.* (Kiel 1999, S. 83)

> *Es gibt ein enges Verhältnis von Erklären und Verstehen. Typischerweise erklären wir jemandem etwas, damit er es dann (besser) versteht.* (Bartelborth 2007, S. 19)

Überdies zeigt sich in den obigen Beispielen, dass beim Erklären ein weiterer Aspekt eine tragende Rolle spielt: handelnde Tätigkeiten und Visualisierungen. Offensichtlich bedarf es eines Mediums, welches die Erklärungen in anschaulicher Weise unterstützt.

Weiterhin fällt auf, dass der Begriff *erklären* sprachlich gefasst wird als einen Sachverhalt *darstellen*, einen Sachverhalt verbal oder mit Gegenständen *vermitteln*, *darlegen* oder *begründen*. Für die Tätigkeit *erklären* werden unterschiedliche Verben synonym verwendet. Geschieht dies zu Recht? Eine Auseinandersetzung mit dem Begriff *erklären* aus sprachlicher Perspektive liefert hier weitere Erkenntnisse.

1 Was ist Erklären?

> Erklären bedeutet jemandem eine Tatsache begreiflich machen.

> Erklären bedeutet, Zusammenhänge zu begründen.

> Erklären ist das Vermitteln eines Sachverhalts, den die andere Person nicht kennt oder nicht verstanden hat.

> Erklären bedeutet für mich, jemandem einen Sachverhalt, über den er vorher nicht Bescheid weiß, mit Sprache, Bildern oder handelnden Aktionen zu vermitteln.

> Erklären bedeutet, einem anderen etwas in eigenen Worten darzustellen, mit dem Ziel, dass es der andere versteht und es selbst erklären und anwenden kann.

> Erklären bedeutet, jemandem eine Sache so darzulegen, dass er sie versteht. Dazu muss man die Sache allerdings erst selbst verstanden haben.

> Erklären ist, einen Sachverhalt präzise (genau) zu erklären und so zu vermitteln, dass er inhaltlich verstanden wird und in der Praxis korrekt umgesetzt und wiedergegeben werden kann. Hat derjenige, der um Erklärung gebeten hat oder dem etwas erklärt werden muss, den Sachverhalt nicht verstanden, so hat der Erklärende den Sachverhalt entweder nicht genau erklärt oder dem zu Erklärenden fehlt es an der geistigen Fähigkeit, das Erklärte aufzunehmen, d.h. er ist überfordert. Je genauer erklärt und vermittelt wird, je umfangreicher wird die Aufnahme des zu erklärenden Sachverhalts sein. Eine wiederholte Erklärung kann jedoch aufgrund eines komplexen Sachverhaltes vonnöten sein.

Abb. 1: Erklären aus alltäglicher Perspektive

1.2 Erklären aus sprachlicher Perspektive

Ein Blick in das Wörterbuch der Gebrüder Grimm aus dem Jahr 1862 (S. 876) gibt einen Einblick in die Bedeutung des Verbs *erklären*. Unter *erklären* werden danach je nach Bezug auf verschiedene lateinische Verben (purgare, explicare, declarare, interpretari, clarificare) unterschiedliche Tätigkeiten verstanden:

- reinigen, erhellen, klären
- erleuchten, verklären
- öffentlich, zumal gerichtlich kund thun
- seinen Willen, Entschlusz, sein Absicht erklären, zu erkennen, kund geben
- erklären, auslegen
- sich erklären, kund tun, zeigen, offenbaren.

Auch der Duden (1999, S. 1082) bringt unterschiedliche Tätigkeiten mit dem Erklären in Verbindung:

- a) deutlich machen; [in allen Einzelheiten] auseinander setzen; so erläutern, dass der andere die Zusammenhänge versteht
  b) begründen; deuten
  c) seine Begründung in etwas finden
- a) äußern; [offiziell] mitteilen; sagen
  b) seine Haltung zum Ausdruck bringen
- [amtlich] bezeichnen; als jmdn., etw. kennzeichnen.

Betrachtet man diese Worterklärungen, so zeigt sich, dass auch hier für das Verb *erklären* Begriffe wie *begründen*, *deuten* und *erläutern* benutzt werden. Für eine ausführliche Differenzierung unterschiedlicher (konklusiver) Sprechhandlungen sei an dieser Stelle auf Brinker et al. (2001) verwiesen.

1.3 Erklären aus wissenschaftstheoretischer Perspektive

Für die wissenschaftstheoretische Perspektive des *Erklärens* ist das Modell von Hempel/Oppenheim (1988) von Bedeutung. Voraussetzung für eine Erklärung sind danach zwei Klassen empirisch gehaltvoller Aussagen: Gesetzesaussagen und Randbedingungen. Beide Klassen werden zusammengefasst als *Explanans* (lat.: das Erklärende) bezeichnet. Auf das zu Erklärende, das *Explanandum*, welches ein Ereignis, eine Beobachtung oder ein Phänomen sein kann, wird durch logische Ableitung aus dem vorhandenen Explanans geschlossen. Dabei handelt es sich im klassischen Sinne um eine kausale Ableitung. Die Frage nach dem Warum und das Prinzip Ursache–Wirkung spielen eine tragende Rolle. Ein Beispiel soll dies verdeutlichen:

1 Was ist Erklären?

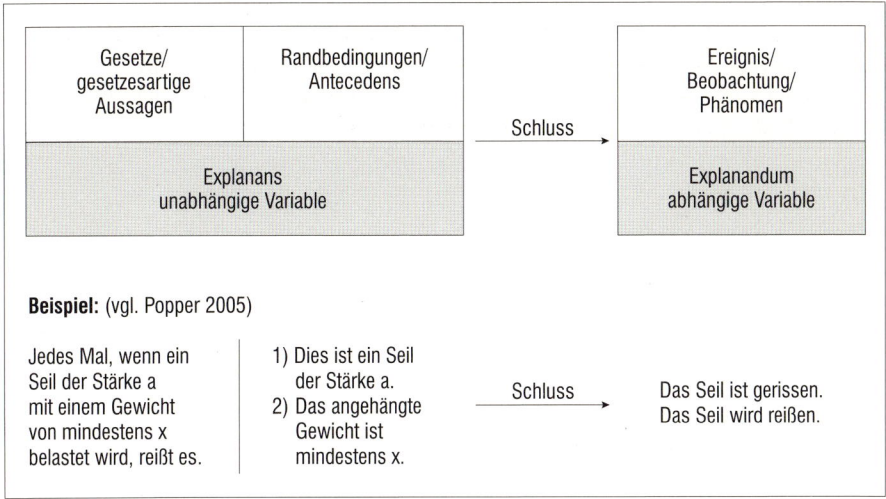

Abb. 2: Modell in Anlehnung an Hempel/Oppenheim (1988)

Dass ein Seil gerissen ist, kann man im Nachhinein durch Betrachtung der zugehörigen Randbedingungen und gesetzesartigen Aussagen erklären. In diesem Fall ist das Seil gerissen, weil es erstens ein Seil der Stärke a war, welches zweitens mit einem Gewicht von x belastet wurde (Randbedingungen), und Seile mit diesen Eigenschaften der Belastung nicht standhalten (gesetzesartige Aussage). Auch für zukünftige Ereignisse können auf dieser Basis Voraussagen getroffen werden.

1.4 Erklären aus erziehungswissenschaftlicher Perspektive

Kiel (1999) beschäftigt sich im pädagogischen Kontext mit dem Erklären. Er fokussiert im Unterschied zur wissenschaftstheoretischen Perspektive aber nicht das Produkt *Erklärung* als solches, sondern vielmehr den Prozess des *Erklärens*. Dabei fasst er das Erklären je nach Kontext als *Übertragen von Wissen*, als *Entwickeln von Wissen* oder als *Aushandeln von Wissen* auf:

Übertragen von Wissen (Abb. 3)
Hierbei steht der Wunsch des Lehrers, Wissen auf den Lerner als Objekt zu übertragen, im Vordergrund. Der Lehrer entscheidet, was als erklärenswert erachtet wird. Im Zentrum dieser Kategorie des Erklärens, die eine intensive Vorbereitung erfordert, steht die Sicherung des Verstehens der Erklärung. Kiel stützt sich bei dieser Kategorie auf Didaktiker wie Comenius (1993) und Psychologen wie Willmann (1906).

Entwickeln von Wissen (Abb. 4)
Bei dieser Kategorie stehen der Lernende und das Staunen des Lernenden über eine Beobachtung, ein Phänomen oder Ähnliches im Zentrum. Der Lernende soll sich möglichst selbst Wissen aneignen, ohne als mit Wissen anzufüllendes Objekt betrachtet zu werden. Lehrern kommt hierbei die Aufgabe zu, ideale Situationen und Kontexte zu schaffen, in denen Lernende ihr Wissen entwickeln können. Kiel bezieht sich hierbei unter anderem auf den Arbeitsunterricht (z. B. Kerschensteiner 1953).

Aushandeln von Wissen (Abb. 5)
Hier geht es vor allem darum, wie Lernende in ihrer Beziehung zu anderen Personen Wissen im Gespräch aushandeln. Dies erfolgt durch eine Orientierung an den Prinzipien des neosokratischen Dialogs (z. B. Heckmann 1981).

Die drei Modelle von Kiel zeigen, wie komplex Erklärungen im Sinne von Erklärprozessen sind. Darüber hinaus geben sie einen Einblick in das unterschiedliche Verständnis von *Erklären*, das sich durch verschiedene lerntheoretische Blickwinkel ergibt. Da in der wissenschaftlichen Diskussion Einigkeit darüber besteht, dass Lernen ein konstruktiver Prozess ist, wird das Erklären nachstehend aus konstruktivistischer Perspektive betrachtet.

1.5 Erklären aus konstruktivistischer Perspektive
Erklärungen finden immer dann statt, wenn einer der Beteiligten weniger Wissen hat als ein anderer und damit ein kognitives Ungleichgewicht oder ein kognitiver Konflikt besteht (Kiel 1999, S. 34; Piaget 1981, S. 103). Das Erklären wird dabei häufig lediglich als *Übertragen von Wissen* (wie oben beschrieben) verstanden. Nach dieser Auffassung führt man beim Erklären jemandem etwas vor, man zeigt genau, wie es geht, und möglicherweise auch, warum etwas funktioniert. Während hier in einem linearen Prozess Wissen monologisch vermittelt wird, spielen sowohl beim Erklären im Sinne eines *Entwickelns von Wissen* als auch beim Erklären im Sinne eines *Aushandelns von Wissen* kommunikative Strukturen und Interaktionsprozesse eine tragende Rolle.

Erklären bedeutet in diesem Sinne zunächst einmal, anderen die eigenen Gedanken verständlich zu machen, diese Gedanken in einem gemeinsamen Dialog aufzunehmen und weiterzuentwickeln. Hierbei sind Aspekte wie Strukturiertheit und Anschaulichkeit, das Einbeziehen von Rückfragen und das Weiterführen von Gedanken wichtig. Fasst man den Begriff des Erklärens in diesem Sinn als Entwickeln bzw. Aushandeln von Wissen auf, dann kommt dem Erklären im Unterricht auch unter konstruktivistischer Perspektive eine bedeutende Rolle zu. So hebt Ernest (2006, S. 7) neben der generellen Bedeutung der Interaktion auch hervor, dass diese Interaktionen nicht ausschließlich in der Form Lehrer–Schüler sondern auch als Aushandlungen unter Schülern stattfinden:

1 Was ist Erklären?

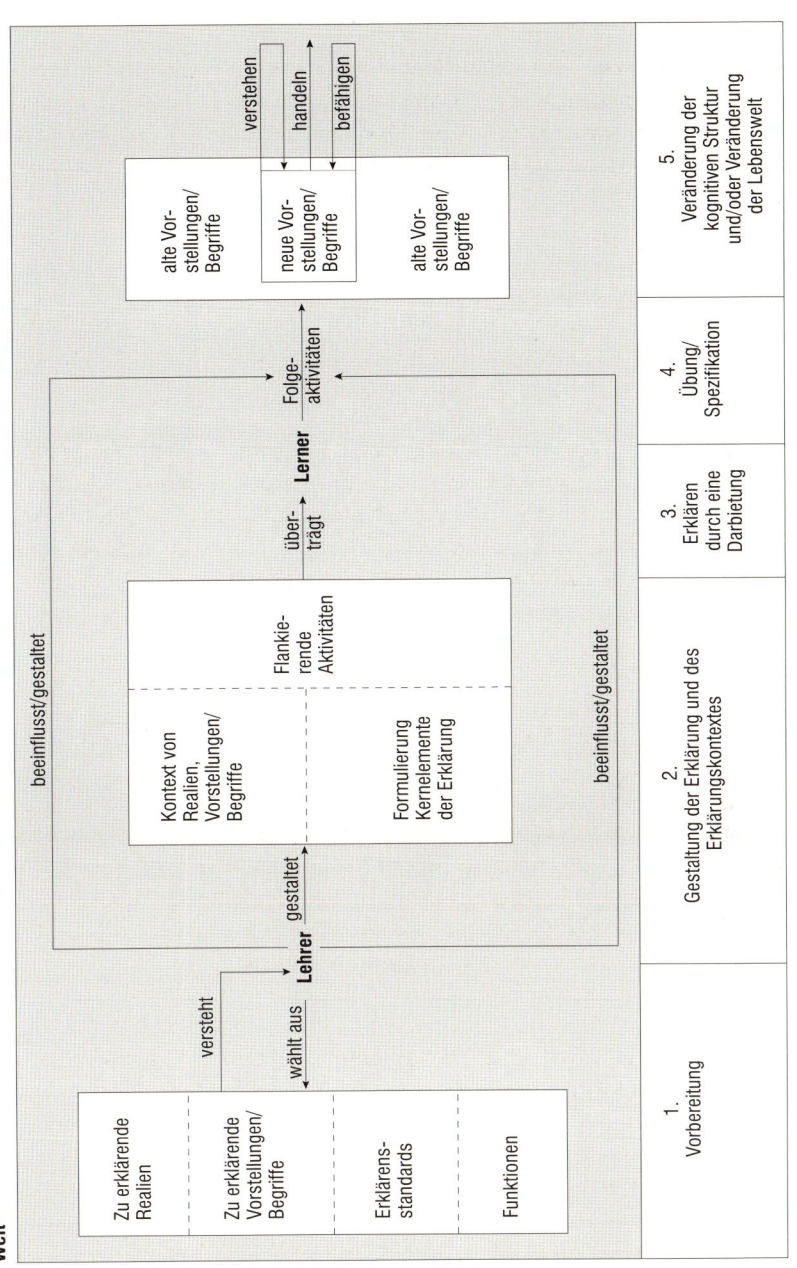

Abb. 3: Erklären als Übertragen von Wissen (nach Kiel 1999, S. 157)

Kapitel I: Erklären – eine Einführung

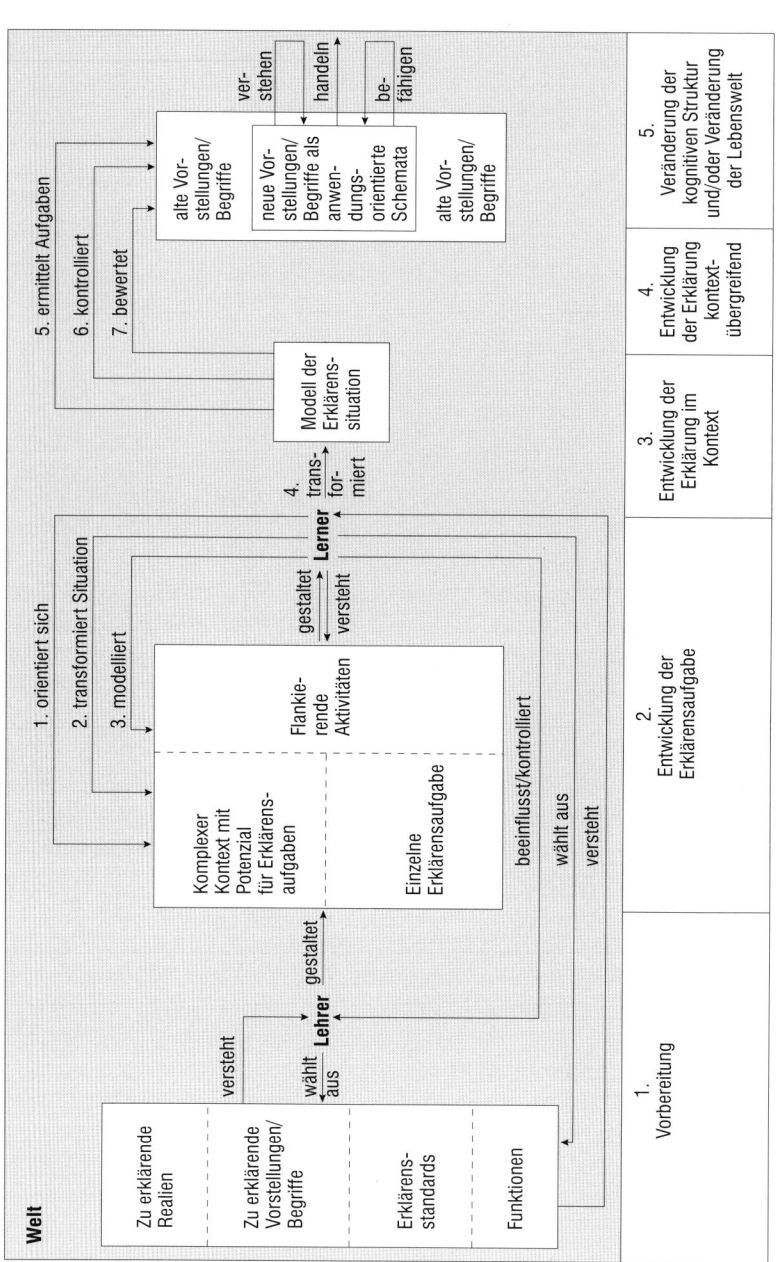

Abb. 4: Erklären als Entwickeln von Wissen (nach Kiel 1999, S. 226)

1 Was ist Erklären?

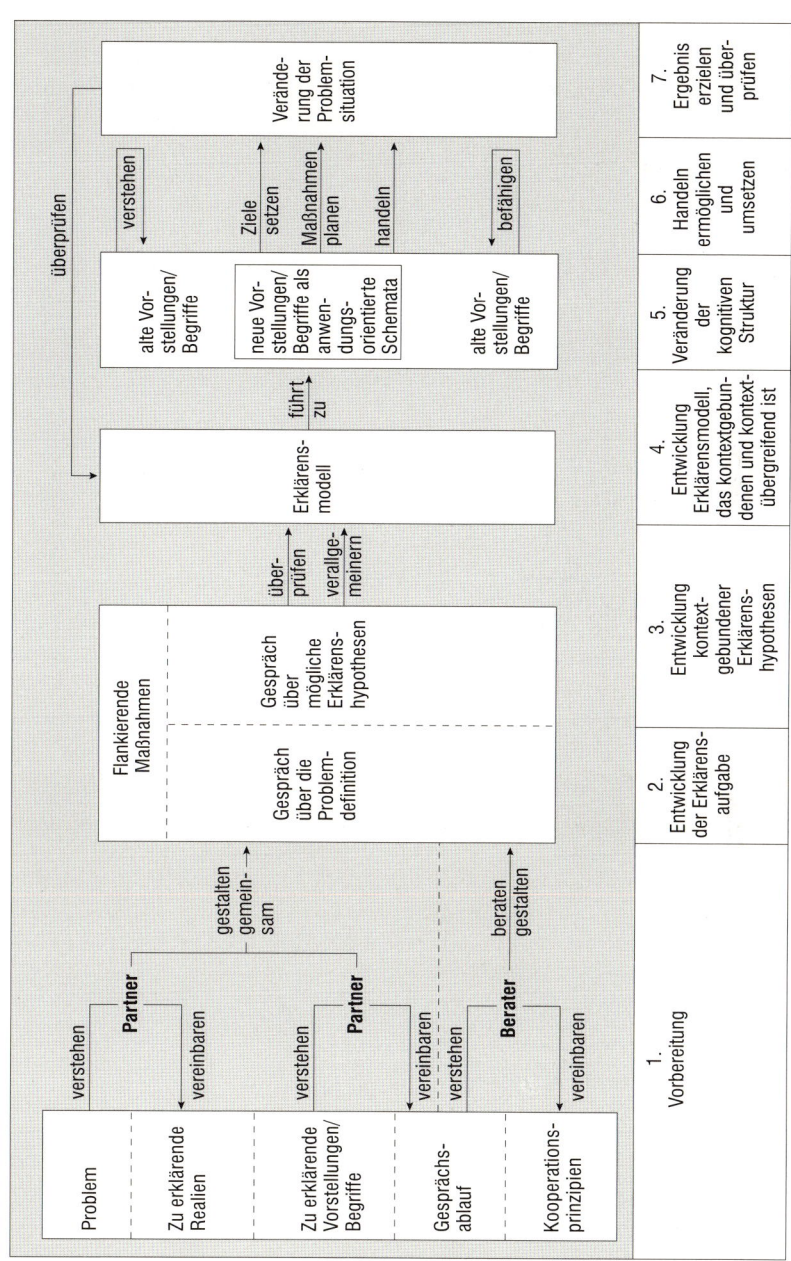

Abb. 5: Erklären als Aushandeln von Wissen (nach Kiel 1999, S. 263)

Social constructivism places emphasis on:
- *the importance of all aspects of the social context and of interpersonal relations, especially teacher-learner and learner-learner interactions in learning situations including negotiation, collaboration and discussion,*
- *the role of language, texts and semiosis in the teaching and learning of mathematics.*

Bezieht man diesen Grundsatz auf das Erklären, so bedeutet dies, dass alle am Unterricht Beteiligten Erklärungen (mit-)gestalten.
Erkläranlässe in konstruktivistischen Lernumgebungen ergeben sich bei der Bearbeitung von Lernangeboten, die zur Eigenaktivität anregen, bzw. beim anschließenden Austausch über die stattgefundenen Lernprozesse. Das gemeinsame Arbeiten innerhalb solcher Lernumgebungen erfordert in verschiedenen Situationen Erklärungen sowohl von Schülerinnen und Schülern als auch von Lehrern. Solche Erkläranlässe können sich beispielsweise ergeben aus:

▸ Schülerfehlern bzw. -fragen
▸ bereits gegebenen Erklärungen, die aus unterschiedlichen Gründen (unstrukturiert, unvollständig, …) nicht verstanden wurden
▸ Erklärungen, die ergänzt werden müssen
▸ Erklärungen, die variiert werden müssen, da sie zunächst nicht verstanden wurden
▸ Zwischenerklärungen, die gegeben werden müssen, um die eigentliche Erklärung zu verstehen, da bereits gelernte Inhalte vergessen wurden.

Erklärungen können sowohl von Lehrer- als auch von Schülerseite gegeben werden. Daraus ergibt sich die Notwendigkeit, über die Qualität bzw. Akzeptanz von Erklärungen nachzudenken:

Teachers need to be cognizant of the kinds of explanations offered to students and by students. Although the logical structure of an explanation seems to be important for the teacher, the student may perceive things differently. Teachers must be aware of students' criteria for acceptance of an explanation. That is, its accessibility and familiarity. (Roberts 1999, S. 98)

Wann genau aber wird eine Erklärung akzeptiert? Welches spezielle Wissen braucht der Erklärende? Empirische Studien geben hierzu weitere Aufschlüsse.

1.6 Erklären aus empirischer Perspektive

Empirische Studien haben zum Ziel, auf der Basis von Theorien durch Beobachtungen und Erfahrungen (empirisch = auf Erfahrung beruhend) Erkenntnisse zu gewinnen. Untersuchungsgegenstand sind beispielsweise Personen, Personengruppen, Organisationen, aber auch Texte und Bilder (Ebster/Stalzer 2008, S. 138). Auch zum professionellen Wissen von Lehrern liegen empirische Studien vor. Shulman (1986) entwickelt auf der Grundlage von empirischen Daten ein Kategoriensystem, in welchem er unterschiedliche Bereiche des Professionswissens von Lehrern beschreibt:

▸ Content Knowledge (disziplinäres Wissen über den Fachinhalt)

- Pedagogical Knowledge (Wissen, welches die Organisation von Unterricht und die Klassenführung beinhaltet)
- Pedagogical Content Knowledge (Wissen über die didaktische Aufbereitung des Fachinhaltes)
- Curricular Knowledge (Wissen über Unterrichtsmedien und den Schulstoff des Bildungsplans).

Dabei benennt Shulman bereits explizit das Erklären als Teil des Professionswissens. Auch die Coactiv-Studie (Krauss et al. 2004, Neubrand 2005) betrachtet das *Erklärungswissen* im Rahmen des Professionswissens von Sekundarstufenlehrern als Teil des fachdidaktischen Wissens: Wenn Lehrkräfte eine Erklärung abgeben, müssen sie Wissen in verschiedenen Bereichen zur Verfügung haben (z. B. Wissen um unterschiedliche Darstellungen, Wissen um verschiedene Erklärvarianten usw.). Während sich die Coactiv-Studie ausschließlich auf Sekundarstufenlehrer konzentriert, beschäftigt sich die Studie von Ma (1999) mit Erklärkompetenzen von Primarstufenlehrern. Die Autorin beschreibt und vergleicht in ihrer Untersuchung die Fähigkeiten chinesischer und amerikanischer Lehrkräfte hinsichtlich des Erklärungswissens anhand von drei simplen Aufgaben aus dem Bereich der Arithmetik und einer Aufgabe aus dem Bereich der Geometrie. Hierbei stellt Ma fest, dass chinesische Lehrerinnen und Lehrer über ein deutlich höheres Erklärungswissen verfügen, obwohl ihre amerikanischen Kollegen ein deutlich längeres Studium – und dieses zudem auf einem höheren Niveau – absolvieren. Ma folgert daraus, dass für Primarstufenlehrer ein hohes mathematisches Fachwissen weniger wichtig ist als ein vertieftes Verständnis der Schulmathematik und ein Verständnis davon, wie man dieses Schülern verständlich machen kann.

> *I found that although US teachers may have been exposed to more advanced mathematics during their high school, Chinese teachers display a more comprehensive knowledge of the mathematics taught in elementary school.*
>
> (Ma 1999, S. 20)

Sowohl die Coactiv-Studie als auch die Untersuchung von Ma verdeutlichen, dass das Erklärungswissen ein wichtiger Bestandteil des Professionswissens ist. Weitere empirische Studien bestätigen dies. So wurden beispielsweise in einer schweizerisch-deutschen Videostudie Schülerinnen und Schüler nach ihrem Unterrichtserleben hinsichtlich bestimmter Unterrichtsmerkmale befragt (Reusser/Pauli 2003, S. 89), wobei sie ausdrücklich auch die Erklärkompetenz der Lehrperson bewerten sollten. Diese wurde durchgängig als sehr hoch eingeschätzt.

Eine ältere Untersuchung von Wragg/Wood (1984) zeigt ebenfalls, dass die Beurteilung eines Unterrichtenden eng an die Beurteilung seiner Erklärfähigkeit geknüpft ist.

Welche Fähigkeiten ein Lehrer hat, der gut erklären kann, damit beschäftigte sich bereits im Jahr 1968 Gage im Rahmen der Teacher-Effectivness-Forschung. Ausgehend von Schülerbeschreibungen entwickelt er Kriterien, die einen guten Lehrer im Hinblick auf das Erklären auszeichnen, und führt in diesem Zusammenhang unter anderem Strukturiertheit und gutes Hintergrundwissen an.

Erklärungen können auf unterschiedliche Art und Weise abgegeben werden. Die Frage nach den bevorzugten Erklärtypen von Schülern steht im Vordergrund einer Untersuchung von Roberts (1999). Als ein Ergebnis der Studie zeigt sich, dass Schülerinnen und Schüler Erklärungen, in denen induktiv (vgl. Kapitel II.2.3) und mit vielen Beispielen gearbeitet wird, und Erklärungen mit Analogien bevorzugen. Interessant ist jedoch, dass – entgegen der Vorliebe der Schüler – deduktive Erklärungen (vgl. Kapitel II.2.3) im Unterricht am häufigsten vorkommen.

Alle in diesem Kapitel aufgeführten Perspektiven zeigen aus unterschiedlichen Blickwinkeln Facetten des Erklärens auf. Wie diese hinsichtlich des *unterrichtlichen* Erklärens zu bewerten sind, darauf wird im nächsten Kapitel eingegangen.

2 Unterrichtliches Erklären

Aus den in Kapitel I.1 gezeigten unterschiedlichen Perspektiven lassen sich Erkenntnisse für das *unterrichtliche* Erklären gewinnen. So zeigen die alltagssprachliche und die sprachliche Perspektive auf, dass das *Erklären* viele unterschiedliche Ausprägungen aufweist. Für den Unterricht bedeutet dies, dass zwischen Lehrern und Schülern zunächst ausgehandelt werden muss, was konkret unter dem *Erklären* verstanden werden soll. Erwartet man im Kontext von Erkläraufgaben ein Beispiel? Werden Begründungen eingefordert und wie ausführlich sollen diese sein? Gehören Argumentationen dazu? Der Erwartungshorizont muss im Unterrichtsverlauf für beide Seiten geklärt werden.

Die wissenschaftstheoretische Perspektive verdeutlicht die Notwendigkeit, in Erklärungen Kausalzusammenhänge hervorzuheben und Begründungen abzugeben. Im Unterricht spielt dies vor allem bei Warum-Erklärungen (siehe S. 22 u. 37 ff.) eine wichtige Rolle. Die erziehungswissenschaftliche Perspektive illustriert das Erklären unter verschiedenen lerntheoretischen Ansätzen und hebt hervor, dass Erklärungen – insbesondere auch aus konstruktivistischer Perspektive – Aushandlungsprozesse sind, an denen alle am Unterricht Beteiligten teilhaben können und sollen.

Die empirische Perspektive zeigt neben der Relevanz von Erklärungswissen, dass für gutes Erklären bestimmte Kriterien erfüllt sein sollten.

Überträgt man die bisher dargestellten Erkenntnisse aus der Wissenschaft auf konkrete Unterrichtssituationen, dann stellt man fest, dass es neben den bereits genannten noch weitere wesentliche Gesichtspunkte gibt, die unterrichtliche Erklärprozesse nachhaltig beeinflussen. Dazu gehören:

Adressatenbezogenheit
Unterrichtliches Erklären ist immer adressatenbezogen. In den bisherigen Ausführungen wurde der Adressatenbezug nicht angesprochen. Tatsächlich gehen nur wenige Studien (z. B. Kiel 1999) auf diese Thematik ein, obwohl sie in der Schule essenziell ist. Einem Sechsjährigen muss ein und derselbe Sachverhalt (z. B.: Was ist eine Minus-Zahl?) anders erklärt werden als einem Dreizehnjährigen. Zudem unterscheiden

sich Erklärungen, je nachdem ob eine oder mehrere Personen angesprochen werden. Eine Erklärung, die in einem 1:1-Gespräch stattfindet, kann viel stärker an den Bedürfnissen des Einzelnen ausgerichtet werden und diesen direkter in die Erklärung mit einbeziehen. Der Aushandlungsprozess ist damit einfacher, zugleich aber auch intensiver.

Richten sich Erklärungen an Schülerinnen und Schüler, deren Verständnis durch sprachliche Barrieren erschwert ist, dann sind besondere Überlegungen zum Aufbau und zur Art der Erklärung notwendig (z. B. verstärkter Einsatz von unterstützenden Maßnahmen wie Visualisierungen).

Inhaltsbezogenheit
Unterrichtliches Erklären ist immer inhaltsspezifisch. Das bedeutet, dass sich beispielsweise das Erklärungswissen zu Brüchen deutlich von dem Erklärungswissen zu Funktionen unterscheidet. Grundvorstellungen, Schülerfehler, Fehlvorstellungen und Veranschaulichungsmöglichkeiten hängen vom jeweiligen Inhalt ab und können in vielen Fällen nicht von einem Inhalt auf den anderen übertragen werden. Innerhalb eines Inhaltsbereiches gibt es zudem unterschiedliche Zugänge, die für Erklärungen verwendet werden können. Beispielsweise lässt sich der erste Zugang zu den negativen Zahlen verschiedenartig gestalten. Ob man sich für die Verwendung des Schrittmodells, der Permanenzreihen oder der Realmodelle (z. B. Thermometer, Aufzug, Höhenangaben mit Bezug zum Meeresspiegel) entscheidet, hängt dann letztendlich von der konkreten Klasse ab.

Didaktische Funktion
Im Unterricht können Erklärungen unterschiedliche didaktische Funktionen haben. Werden Schülererklärungen eingefordert, dann sollen die Gedanken der Schüler – schriftlich oder mündlich – versprachlicht werden. Schülerinnen und Schüler sind dabei gezwungen, sich intensiv mit einem bestimmten mathematischen Inhalt auseinanderzusetzen, ihre Gedanken zu strukturieren und diese letztendlich für sich und andere nachvollziehbar darzustellen. Das Ziel ist eine Erhöhung des Verständnisses und der Merkfähigkeit. Erklärungen – insbesondere schriftliche Erklärungen – können auch (bewusste) Diskussions- und Kommunikationsanlässe sein. So werden schriftliche Schülererklärungen im Unterricht eingesetzt, um über verschiedene Lösungsstrategien und Problemlöseprozesse ins Gespräch zu kommen. Eine weitere Funktion von Erklärungen liegt im diagnostischen Bereich. Mündliche Schülererklärungen werden im Unterrichtsgespräch eingefordert, um zu überprüfen, welches Wissen vorhanden ist. Solche Erklärungen werden durch Fragen der Art „Was war noch mal die Steigung?" vom Lehrer eingeleitet. Bei Nichtwissen schließen die nachfolgenden Erklärungen schnell und komprimiert bestehende Wissens- oder Verständnislücken.

Erklärgegenstand
Im Unterricht spielen nicht nur die in der Literatur vielfach genannten Warum-Erklärungen eine Rolle. Auch Was-Erklärungen (Begriffe) und Wie-Erklärungen (Handlungen) kommen häufig vor, wie der nächste Abschnitt zeigt.

2.1 Welche Erklärungen kommen im Unterricht vor?

Im Unterricht werden Begriffe, Handlungen und Zusammenhänge erklärt. Daher lassen sich unterrichtliche Erklärungen in folgende Kategorien einteilen, die sich aus dem Erklärgegenstand ableiten (gegenstandsbedingte Kategorisierung):

- *Was-Erklärungen* fokussieren (Fach-)Begriffe. Beispiele: Was ist ein allgemeines Viereck? Was ist ein Subtrahend? Was ist das Distributivgesetz?
- *Wie-Erklärungen* sind Erklärungen, in denen Algorithmen, Rechenverfahren, Konstruktionsschritte usw. thematisiert werden. Hier geht es darum, eine Abfolge bestimmter, aufeinanderfolgender (Handlungs-)Schritte zu erklären. Beispiele: Wie multipliziere ich zwei Brüche? Wie lassen sich quadratische Gleichungen lösen? Wie konstruiere ich eine Winkelhalbierende?
- *Warum-Erklärungen* sind Erklärungen mit dem Ziel, Zusammenhänge und Strukturen aufzudecken und transparent zu machen. Beispiele: Warum schneiden sich die Mittelsenkrechten eines Dreiecks in einem Punkt? Warum ist ein Quadrat auch eine Raute? Warum ist die Summe der ersten n ungeraden Zahlen immer eine Quadratzahl?

All diese Erklärungen können nicht nur hinsichtlich des Erklärgegenstandes kategorisiert werden (gegenstandsbedingte Kategorisierung), sondern auch unter dem Blickwinkel, wie die Erklärung abgegeben werden muss (situationsbedingte Kategorisierung). Sie lassen sich daher in *geplante* (vorbereitete) und *ungeplante*, das heißt im Unterricht spontan abgegebene *(Adhoc-)Erklärungen* unterteilen.

Geplante Lehrer-Erklärungen können im Vorfeld des Unterrichts in didaktischer sowie methodischer Hinsicht vorbereitet werden. Dazu gehört zum einen eine sorgsame Analyse des Erklärgegenstandes auf wichtige Verstehenselemente hin. Zum anderen müssen die Struktur und die Abfolge der einzelnen Teilschritte einer Erklärung überlegt werden. Trotz aller Planung sollte dabei noch genügend Flexibilität für Erkläralternativen und das Einschieben von Zwischenschritten vorhanden sein, damit die Erklärungen adressatengerecht bleiben. Wie Schüler auf vorbereitete Erklärungen reagieren, lässt sich nämlich allenfalls vermuten, nicht aber voraussagen.

Ungeplante Lehrer-Erklärungen können hingegen nicht vorbereitet werden. Anlässe solcher Erklärungen ergeben sich aus der Interaktion der am Unterricht Beteiligten. Sie bedürfen einer spontanen Reaktion des Erklärenden. Gleichzeitig erfordern ungeplante Erklärungen ein gutes (diagnostisches) Gespür, um die Erklärung möglichst präzise an den jeweiligen Bedürfnissen der Adressaten ausrichten zu können.

	Geplante Lehrer-Erklärungen	**Ungeplante Lehrer-Erklärungen**
Situation	• vorbereitet	• unvorbereitet
Didaktischer Ort	• vorab geplant • festgelegt	• situationsbedingt • nicht vorab festgelegt • in den Unterricht eingeschoben
Anlass	• Einführung neuer Inhalte • in der Unterrichtsplanung bereits vorhersehbare Schülerschwierigkeiten	• Schülerfehler • Schülerfragen • Verständnisschwierigkeiten
Zeitdauer	• oft längere Erklärsequenzen	• oft kurz und prägnant
Explanandum	• oft komplexe Explanandi	• oft weniger komplexe Explanandi
Initiierung	• durch den Lehrer	• durch einen am Unterricht Beteiligten
Adressatenbezug	• meist an alle gerichtet	• an alle oder an Einzelne gerichtet
Unterstützende Maßnahmen	• Materialien her- und bereitgestellt • bewusst überlegt	• Materialien nicht unbedingt verfügbar • werden spontan entschieden
Ziel der Erklärung	• Erschließen neuer Lerninhalte • Vernetzen von Wissen	• Schließen von Verstehenslücken • Sichern und Vernetzen von Wissen • Zusammenfassen von Ergebnissen

Abb. 6: Geplante und ungeplante Lehrer-Erklärungen

2.2 Wie laufen Erklärungen im Unterricht ab?

Erklärungen folgen im Unterricht meist einem bestimmten Schema. Dieses Schema setzt sich aus vier Phasen zusammen: *Erkläranlass, Erklärinitiierung, Erklärprozess, Erklärcoda*.

Erkläranlass

Wissens- oder Verständnislücken, Schülerfehler, unvollständige oder missverständliche schriftliche Dokumente, unverständliche Äußerungen usw. können Anlässe für Erklärungen sein. Sie können Erklärungen auslösen, müssen dies aber nicht zwangsläufig tun. Eine typische Situation, in der aus einem Erkläranlass heraus keine Erklärung folgt, entsteht beispielsweise, wenn ein Schüler bemerkt, dass er ein Verständnisdefizit hat, dies aber nicht äußert. Der Lehrer kann somit nicht wahrnehmen, dass etwas erklärt werden muss. Auch wenn ein Schüler zum wiederholten Mal ein und dieselbe Frage stellt (z. B. *„Was war jetzt noch einmal der Nenner?"*), dann kommt es vor, dass der Lehrer auf diese Frage nicht mehr eingehen möchte. Es liegt dann zwar sowohl ein Erkläranlass als auch eine Erklärinitiierung (siehe S. 24) vor, die eigentliche Erklärung findet aber nicht statt.

Erklärinitiierung
Die Erklärinitiierung signalisiert das Bedürfnis nach einer Erklärung. Beispielsweise kann dies durch eine Schülerfrage wie *„Können Sie mir noch einmal erklären, wo die 2x herkommen?"* geschehen. Durch solch eine Fragestellung wird allen am Unterricht Beteiligten klar, dass ein bestimmter Sachverhalt (noch einmal) erklärt werden soll.
Wer eine Erklärung einfordert und diese initiiert und wie und in welcher Weise dies geschieht, ist nicht festgelegt. Beispielsweise kann zwar ein Schülerfehler der Anlass einer Erklärung sein, die Initiierung der Erklärung muss aber nicht notwendigerweise von diesem Schüler ausgehen. Auch ein anderer Schüler, zum Beispiel der Nebensitzer, oder die Lehrperson selbst, die auf den Fehler aufmerksam geworden ist, kann diesen Anlass aufnehmen und durch eine Nachfrage eine Erklärung initiieren. Auch nonverbal – durch eine Verständnislosigkeit ausdrückende Mimik oder Gestik – kann eine Erklärung initiiert werden.

Erklärprozess
Unter dem Erklärprozess ist die eigentliche Erklärung zur verstehen. Im Erklärprozess steht das zu Erklärende (Explanandum) im Vordergrund. Häufig verläuft der Erklärprozess nicht linear, sondern es kommt zu eingeschobenen Teilerklärungen mit abweichenden Explanandi. Der Erklärprozess kann unterschiedliche (didaktische) Funktionen erfüllen. Neben dem Ausgleich des oben genannten kognitiven Konflikts können metakognitive Fähigkeiten (Schütte 2002) angeregt sowie Kommunikationsmöglichkeiten (Bauersfeld 2002) geschaffen werden. Um sprachliche Prozesse angemessen zu unterstützen, werden oft unterschiedliche Veranschaulichungen verwendet.

Erklärcoda
Die Erklärcoda beendet die Erklärung, unabhängig davon, in welcher Ausprägung Erklärinitiierung und Erklärprozess stattgefunden haben. Das heißt, die Erklärcoda kann sich bereits unmittelbar an eine Erklärinitiierung anschließen, wenn eine Erklärung zwar initiiert, aber nicht in einem Erklärprozess ausgeführt wird (siehe Abb. 7, Teil II). Sie kann aber auch nach dem Erklärprozess erfolgen und diesen abschließen (siehe Abb. 7, Teil III). Äußerungen wie *„Jetzt habe ich es verstanden"* oder *„Das erklären wir aber nicht noch einmal"* sind beispielhafte Formulierungen für die Erklärcoda. Abbildung 7 verdeutlicht die Abfolge der oben beschriebenen Phasen im Modell.
   Dieses Modell beinhaltet drei vertikale Teilbereiche (I-III). Ausgangspunkt von Teil I ist ein Erkläranlass. Es wird von einem oder mehreren am Unterricht Beteiligten wahrgenommen, dass etwas erklärt werden muss, jedoch erfolgt keine Erklärinitiierung. Die Erklärbedürftigkeit wird nicht zum Ausdruck gebracht, somit finden auch kein Erklärprozess und keine Erklärcoda statt.

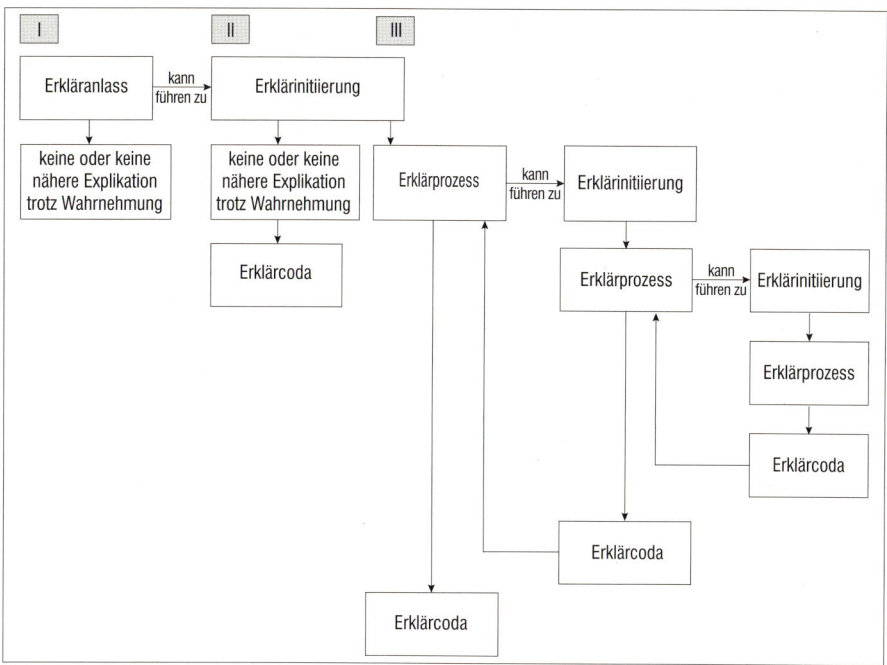

Abb. 7: Die vier Phasen im Erklärmodell (Wagner/Wörn)

In Teil II folgt auf die Erklärinitiierung unmittelbar die Erklärcoda, ohne dass es zu einem Erklärprozess kommt. Hierfür gibt es unterschiedliche Gründe. So kann beispielsweise die Erklärbedürftigkeit von den am Unterricht Beteiligten als zu gering eingeschätzt werden. Dies ist in der Regel dann der Fall, wenn es sich um ein isoliertes Problem eines Einzelnen handelt oder wenn der Erklärgegenstand im Unterricht bereits oft thematisiert wurde. Teilweise spielt auch der Faktor Zeit eine Rolle. Wenn der Erkläranlass beispielsweise am Ende einer Unterrichtsstunde auftritt oder wenn der Erklärgegenstand den Fokus der Stunde zu sehr verschieben würde, wird er unter Umständen nicht thematisiert. Dies wird im Unterricht vonseiten des Lehrers durch Äußerungen wie: *„Das erklären wir heute nicht noch mal, das hatten wir gestern schon"* oder *„Dazu haben wir heute leider keine Zeit, das machen wir morgen"* zum Ausdruck gebracht. Die Erklärgegenstände werden gegebenenfalls für nachfolgende Stunden vorbehalten (z. B. Themenspeicher[1]).

In Teil III des Modells kommt es nach dem Erkläranlass und der Erklärinitiierung zum Erklärprozess. Der Verlauf des Erklärprozesses hängt von der Komplexität des Erklärgegenstandes bzw. vom Verstehen der Zuhörer ab. Ist der Erklärgegenstand

---

[1] Im Themenspeicher (z. B. eine Seitentafel) werden Inhalte notiert, die im Laufe des Unterrichts nicht geklärt werden konnten. Diese Themen werden später aufgegriffen und wiederholt.

weniger komplex oder gibt es keine oder nur geringe Verständnisprobleme, dann verläuft der Erklärprozess linear. Bei komplexeren Explanandi kommt es innerhalb des eigentlichen Erklärprozesses dagegen oft zu neuen, eingeschobenen (Teil-)Erklärungen. Diese verlaufen strukturell wie eigenständige Erklärungen, wobei der Erkläranlass im vorausgehenden Erklärprozess begründet ist und im Modell daher nicht separat dargestellt wird. Die (Teil-)Erklärungen schließen dann die Wissenslücken, die während des vorausgehenden Erklärprozesses aufgetreten sind. Auch innerhalb der Teilerklärungen können sich wieder neue Erklärgegenstände ergeben, sodass auch hier neue (Teil-)Erklärungen nötig werden können. In diesen Fällen handelt es sich nicht um einen linearen Verlauf, sondern vielmehr um vielschichtige, verzweigte Verläufe, die von ineinander verschachtelten Erklärschleifen geprägt sind.

3 Gutes Erklären

Beschäftigt man sich mit dem Erklären, dann stellt man sich natürlich auch die Frage, was eine Erklärung zu einer *guten* und für den Zuhörer verständlichen Erklärung macht. Kriterien guten Erklärens können in drei (Haupt-)Bereiche eingeteilt werden: *strukturelle, inhaltliche* und *adressatenorientierte Kriterien*. Über dies hinaus lassen sich in Abhängigkeit von der jeweiligen Erklärsituation noch weitere Kriterien angeben, die für gutes Erklären wichtig sind.

3.1 Strukturelle Kriterien

Strukturelle Kriterien sind Kriterien, die sich auf den Aufbau und den eigentlichen Ablauf von Erklärungen beziehen.
Hierzu gehören: *Überblick/Orientierung zu Beginn der Erklärung, Aushandlung des Erklärgegenstandes, Abfolge der Erklärungsschritte, Konzentration auf den Erklärgegenstand.*

Überblick/Orientierung zu Beginn der Erklärung
Zu Beginn einer Erklärung kann es zunächst darum gehen, dem Zuhörer einen Überblick über den Gegenstand der Erklärung zu geben. Wenn abzusehen ist, dass die Erklärung komplex und damit lang wird, ist es für den Zuhörer hilfreich, wenn vor der eigentlichen Erklärung die groben (Teil-)Schritte der Erklärung kurz umrissen werden.
Beispiel: Beim Erklären eines auf einem Plakat schriftlich festgehaltenen Lösungsweges kann zunächst ein Überblick über den Aufbau des Plakates und die einzelnen Lösungsschritte gegeben werden. Erst im Anschluss daran werden die einzelnen Bestandteile detaillierter erklärt.

Aushandlung des Erklärgegenstandes

Treten während der Erklärung Fragen auf oder ergeben sich Verständnisschwierigkeiten, so spielen kommunikative Prozesse (Rückfragen, Feedback, …) eine große Rolle. Die genaue Wissens- oder Verständnislücke muss aufgedeckt und der genaue Erklärgegenstand zwischen dem Erklärenden und dem Zuhörer ausgehandelt werden.
Beispiel: In einer siebten Hauptschulklasse wird folgende Modellierungsaufgabe thematisiert (angelehnt an Peter-Koop 2003):

A Wie viele Fahrzeuge stehen in einem 10 km langen Stau?

Nachdem die Schüler die Aufgabe in Gruppen gelöst haben, erklären sie im Anschluss an die Gruppenphase ihre Lösungswege gemeinsam. Dabei ergibt sich folgender Aushandlungsprozess:

D
S 1	Wie kommt ihr auf die 10?
S 2	Die 10 stehen doch in der Aufgabe. Hier steht: 10 km langer Stau.
S 1	Die mein ich doch gar nicht.
S 2	Du hast doch gesagt, die 10!
S 1	Ich meine aber die andere 10! Die vierte Zahl da vorne – 10 Meter.
S 2	Ach so, sag das doch gleich! Das ist ein Lkw.
S 1	Wieso denn das?
S 2	Auf der rechten Autobahnspur haben wir nur Lkws stehen.

Abfolge der Erklärschritte

Bei der eigentlichen Erklärung ist die Abfolge der einzelnen Teilschritte entscheidend für die Verständlichkeit. Eine logische Reihenfolge, in der sich die nachfolgenden Schritte jeweils auf die vorhergehenden beziehen, erhöht die Qualität der Erklärung. Beispielhaft ist zu obiger Aufgabe eine weitere Schülererklärung dargestellt.

> **S 1** Also 10 km sind doch 10.000 m. Dann haben wir – ein Motorrad ist ungefähr so 2 m lang –, dann haben wir also 10.000 durch 2 gerechnet, ist dann 5.000.
>
> **S 2** Ja und mit den Autos haben wir's gleich gemacht. Nur haben wir geschätzt, dass die so 4 m lang sind und dann haben wir die auch geteilt durch 10.000 gemacht und das war dann 2.500.
>
> **S 3** Mit den Lkw ist es auch so. 10.000 durch 20, die sind ungefähr 20 m lang. Das Ergebnis ist 500.
>
> **S 4** Danach haben wir halt erst mal alle Ergebnisse, wie viele Autos, wie viele Motorräder und wie viele Lkws, haben wir zusammengerechnet. O. k., dann haben wir gerechnet in einer Spur, also wir haben drei Spuren genommen. Wir haben eine Spur gerechnet, dann haben wir gesagt, in einer Spur sind 8.000 also insgesamt. Mit den Lkws, den Autos und mit den Motorrädern sind insgesamt 8.000 in einer Spur. Dann haben wir mal 3 wegen drei Spuren. Da kam halt 24.000 raus insgesamt. Wegen drei Spuren Lkws, Autos und Motorräder.
>
> **L** Irgendwie war das alles jetzt ein wenig durcheinander. Ich denke, es wäre ganz gut, wenn ihr uns zunächst immer erst mal die Annahmen sagen könntet, und dann erst, wie ihr alles ausgerechnet habt.

Anhand der Aussage „*Irgendwie war das alles jetzt ein wenig durcheinander*" wird deutlich, dass es dem Lehrer (und damit wohl auch den Schülern) mitunter schwerfällt, die Gedanken seiner Schüler zu verstehen. Die Aussagen der Schüler sind wohl zu unstrukturiert. Für eine verständlichere und strukturiertere Darstellung der eigenen Gedanken gibt er den Schülern daher den Tipp, zunächst die Annahmen anzugeben und erst in einem zweiten Schritt die konkreten Rechenwege vorzustellen.

Konzentration auf den Erklärgegenstand
Eine klare Struktur wird auch dadurch erreicht, dass die Erklärung sich auf die wesentlichen Aspekte des jeweiligen Erklärgegenstandes konzentriert und den eigentlichen Kern herausarbeitet. Insbesondere bei komplexen Erklärungen – verursacht beispielsweise durch Zwischenfragen – besteht die Gefahr, das Wesentliche aus den Augen zu verlieren und abzuschweifen.

3.2 Inhaltliche Kriterien
Inhaltliche Kriterien fokussieren das eigentliche Explanandum und die inhaltliche Stimmigkeit der Erklärung. Dazu gehören: *Berücksichtigung aller Verstehenselemente, adäquate Auswahl an Veranschaulichungen* (vgl. Wagner/Wörn/Kuntze 2010, Wag-

ner/Wörn 2009), *stimmige inhaltliche Argumentation und Begründung, sprachliche Korrektheit, sachliche Korrektheit.*

Berücksichtigung aller Verstehenselemente
Soll eine Erklärung verstanden werden, dann ist es wichtig, dass alle für das Verstehen wesentlichen und notwendigen Bestandteile des jeweiligen Erklärgegenstandes – die sogenannten Verstehenselemente (vgl. Drollinger-Vetter 2009) – in der Erklärung mitberücksichtigt werden. Der Erklärende muss sich dazu der Existenz all dieser Verstehenselemente bewusst werden, da eine Erklärung an jedem dieser Verstehenselemente anknüpfen kann. Während des eigentlichen Erklärprozesses werden dann in der Interaktion die für den jeweiligen Kontext notwendigen Verstehenselemente ausgehandelt. Ist bereits Vorwissen vorhanden, dann ist es unter Umständen nicht nötig, all diese Elemente zu thematisieren. Beispielsweise sind bei der Bearbeitung der Aufgabe „*Zeige, dass die Summe dreier aufeinanderfolgender natürlicher Zahlen stets durch 3 teilbar ist*" unter anderem folgende Verstehenselemente notwendig: *Summe, aufeinanderfolgend, natürliche Zahl, teilbar.* Nur wenn ihre jeweilige Bedeutung klar und verständlich ist, können Beziehungen hergestellt werden und es kann eine sinnvolle Lösungsstrategie und damit eine Lösung gefunden werden.

Adäquate Auswahl an Veranschaulichungen
Veranschaulichungen wie beispielsweise didaktische Materialien, Skizzen und Zeichnungen können Erklärungen unterstützen. Die Auswahl adäquater Veranschaulichungen wird dabei von situationsspezifischen Gegebenheiten sowie von inhaltsspezifischen Aspekten bestimmt. Wenn Lehrer im Unterricht Adhoc-Erklärungen abgeben müssen, dann würden sie unter Umständen gern auf bestimmte didaktische Materialien zurückgreifen, können dies aber nicht tun, weil die Materialien im Klassenzimmer oder in der Schule nicht vorhanden sind. Bei vorbereiteten Erklärungen können diese Materialien dagegen vorab bereit- oder hergestellt werden. Wichtig ist in jedem Fall, dass die Auswahl an Veranschaulichungen dem jeweiligen Erklärgegenstand und dem jeweiligen Adressaten gerecht wird.

Stimmige inhaltliche Argumentation und Begründung
Der Argumentationsstrang innerhalb von Erklärungen muss stringent sein und auf den Erklärgegenstand hinführen. Dazu sollte – wo immer möglich – an die bereits existierende kognitive Struktur der Lernenden angeknüpft werden, sodass Beziehungen und Zusammenhänge deutlich werden.

Sprachliche und sachliche Korrektheit
Bei allen Ausführungen der Erklärenden spielen die sprachliche sowie die sachliche Korrektheit eine Rolle. Ein mathematischer Inhalt sollte nicht durch sprachliche Unschärfen oder eine didaktische Reduktion falsch dargestellt werden. Andernfalls könn-

ten Fehlvorstellungen aufgebaut werden, denen nur schwer wieder entgegengewirkt werden kann.

3.3 Adressatenbezogene Kriterien

Adressatenbezogene Kriterien nehmen den Zuhörer und dessen Kenntnisse und Bedürfnisse in den Blick. Dazu gehören: *Ausrichtung am eigentlichen Wissens-/Verständnisdefizit, adressatengerechte Verwendung von (Fach-)Sprache, adressatengerechte Verwendung von Veranschaulichungen, Verfügbarkeit unterschiedlicher Erklärvarianten, adressatengerechte Ausrichtung der Erklärtiefe.*

Ausrichtung am eigentlichen Wissens-/Verständnisdefizit
Das eigentliche Wissens- oder Verständnisdefizit des Zuhörers muss zunächst durch einen Aushandlungsprozess ermittelt werden, damit die Erklärung adressatenbezogen abgegeben werden kann.

Adressatengerechte Verwendung von (Fach-)Sprache
Bei der eigentlichen Erklärung sollte auf eine angemessene, adressatengerechte Verwendung von (Fach-)Sprache geachtet werden. Ein Sechsjähriger verfügt über einen anderen Wortschatz als ein Sechzehnjähriger.

Adressatengerechte Verwendung von Veranschaulichungen
Die Adressatenorientierung gilt ebenso für die Verwendung von Veranschaulichungen, bei denen der Abstraktionsgrad zu bedenken ist.

Verfügbarkeit unterschiedlicher Erklärvarianten
Führt eine Erklärvariante trotz adressatengerechter Ausrichtung hinsichtlich Sprache und Veranschaulichung nicht zum Ziel, dann ist es wichtig, auf andere Erklärmöglichkeiten zurückzugreifen.

Adressatengerechte Ausrichtung der Erklärtiefe
Bei allen Erklärvarianten muss beachtet werden, dass sich die Ausführlichkeit und der Grad der Abstraktion an den Adressaten ausrichtet.

3.4 Weitere Kriterien

In Abhängigkeit von der jeweiligen Erklärsituation kommen weitere Kriterien wie beispielsweise das Verwenden angemessener Impulse, ein sinnvoller Einsatz von und Umgang mit Feedback und das Einbeziehen der Adressaten in die Erklärung zum Tragen. Darüber hinaus ist es wichtig, dass die Sprache analog zum Material verwendet wird: Didaktische Materialien haben den Vorteil, dass sie vielfach Lernprozesse in Teilschritten veranschaulichen können. Diese Teilschritte müssen auch sprachlich – im besten Fall analog zum Einsatz der Materialien – umgesetzt werden.

3 Gutes Erklären

Abbildung 8 bietet eine Übersicht über die oben genannten wesentlichen Kriterien guten Erklärens. Die Tabelle kann dazu verwendet werden, schriftliche und mündliche Erklärungen mithilfe einer an Schulnoten orientierten Skala zu beurteilen.

Kriterien für gutes Erklären	schriftlich						mündlich					
Strukturelle Kriterien	1	2	3	4	5	6	1	2	3	4	5	6
Überblick/Orientierung zu Beginn der Erklärung												
Aushandlung des Erklärgegenstandes												
Abfolge der Erklärungsschritte												
Konzentration auf den Erklärgegenstand												
…												
Inhaltliche Kriterien	1	2	3	4	5	6	1	2	3	4	5	6
Berücksichtigung aller Verstehenselemente												
Adäquate Auswahl an Veranschaulichungen												
Stimmige inhaltliche Argumentation/Begründung												
Sprachliche Korrektheit												
Sachliche Korrektheit												
…												
Adressatenbezogene Kriterien	1	2	3	4	5	6	1	2	3	4	5	6
Ausrichtung am eigentlichen Wissens-/Verständnisdefizit												
Adressatengerechte Verwendung von (Fach-)Sprache												
Adressatengerechte Verwendung von Veranschaulichungen												
Verfügbarkeit unterschiedlicher Erklärvarianten												
Adressatengerechte Ausrichtung der Erklärtiefe												
…												
Weitere Kriterien	1	2	3	4	5	6	1	2	3	4	5	6
Verwenden angemessener Impulse												
Geben, Aufnehmen und Weiterverarbeiten von Feedback												
Einbeziehung der Adressaten												
Analoge Verwendung von Sprache und Material												
Spracheinsatz (Modulation, Geschwindigkeit, …)												
Körpersprache (Gestik, Mimik, …)												
…												

Abb. 8: Kriterien für gutes Erklären

Kapitel II: Erklären im Mathematikunterricht

Große Zusammenhänge lassen sich am einfachsten in kleinen Schritten erklären, verstehen, begreifen.

(Ernst Ferstl, *1955, österreichischer Lehrer und Dichter)

1. Was wird im Mathematikunterricht erklärt?

Während Kapitel I eher eine allgemeine Einführung zum Begriff Erklären sowie zum unterrichtlichen Erklären darstellte, geht es in diesem Kapitel speziell um das Erklären im Mathematikunterricht. Wie in Kapitel I.2 ausgeführt, lassen sich unterrichtliche Erklärungen in Was-, Wie-, und Warum-Erklärungen einteilen. Bezogen auf den Mathematikunterricht kann diese Klassifizierung noch weiter präzisiert werden.

1.1 Was-Erklärungen

Im Fokus von Was-Erklärungen stehen Begriffe. Zum einen werden in *mathematikspezifischen* Was-Erklärungen mathematische (Fach-)Begriffe erklärt. Zum anderen müssen im Mathematikunterricht aber auch Alltagsbegriffe erklärt werden. Hier spricht man von *nicht-mathematikspezifischen* Was-Erklärungen.

Folgendes Transkript aus einer Einführungsstunde zum Bruchrechnen (Klasse 6, Realschule) enthält eine *mathematikspezifische* Was-Erklärung durch einen Schüler. Der Ausschnitt gibt einen Einblick in eine Unterrichtsphase, in der erklärt wird, was der Nenner einer Bruchzahl angibt.

D   L   Ein Viertel äh ist ein Teil von 4 Teilen. Was sagt denn dann immer die Zahl da unten? (zeigt auf den Nenner eines Bruches auf einer OHP-Folie)

S   Dass es so viele Teile gibt.

Eine typische *nicht-mathematikspezifische* Was-Erklärung zeigt das nachfolgende Beispiel. Es stammt aus einer Unterrichtsstunde, in der ein Lehrer beim Bearbeiten einer Modellierungsaufgabe kurz und prägnant erklärt, was ein *Sprinter* (Lieferwagen) ist.

D   L   Mhm, wobei wir von so einem Sprinter ausgehen. Kennt ihr alle diese Sprinter? Das sind etwas größere VW-Busse. Unser Bäcker kommt immer mit so einem Sprinter. Den habt ihr bestimmt schon gesehen.

---

1 Was wird im Mathematikunterricht erklärt?

Im Zusammenhang mit Was-Erklärungen wird oft auch von der *Erklärung von Begriffen* gesprochen (Zech, 1995, S. 27). Begriffserklärungen dürfen dabei nicht mit dem Begriffslernen oder dem Begriffsbildungsprozess verwechselt oder gleichgesetzt werden oder diesen gar ersetzen (siehe Exkurs Begriffslernen S. 34 f.).

Was-Erklärungen (Begriffs-Erklärungen) kommen immer wieder und auch unvermittelt (adhoc) im Unterricht vor. Das liegt daran, dass beim Erlernen neuer mathematischer Inhalte in der Regel auf Wissen und Verständnis vorausgegangener Inhalte zurückgegriffen werden muss. Werden bereits erworbene Begriffe zu einem späteren Zeitpunkt in einem neuen Zusammenhang benötigt, dann sind sie den Lernenden unter Umständen aber nicht mehr präsent. An dieser Stelle ist es wichtig, solche Begriffe durch eine kurze und prägnante Was-Erklärung wieder in Erinnerung zu rufen. Sie können so als Ankerpunkte für den Erwerb neuen Wissens und Verständnisses dienen. Die Vermutung liegt nun nahe, dass auch Definitionen und Sätze Was-Erklärungen sind. Mathematische Definitionen und Sätze sind jedoch feststehend und unveränderbar; sie werden nicht jeweils der spezifischen Zuhörerschaft angepasst. Daher kann man vor allem im Sinne von Kapitel I.2 (Adressatenbezug) nicht von Erklärungen sprechen.

Abbildung 9 führt beispielhaft gängige Begriffe aus verschiedenen mathematischen Leitideen auf, die häufig Gegenstand von mathematikspezifischen Was-Erklärungen sind:

Leitidee	Erklärgegenstand
Zahl	Ziffer, Zahl, Produkt, Summe, Zähler, Nenner, Bruch, Gleichung, Kommutativgesetz, Rechenzeichen, Vorzeichen, Term, …
Messen	Einheit, Umfang, Flächeninhalt, Volumen, Winkel, Winkelsumme, …
Raum und Form	Seite, Kante, Ecke, Trapez, Drachen, Würfel, Quader, Pyramide, Netz, Symmetrie, Mittelsenkrechte, …
Funktionaler Zusammenhang	Zuordnung, Proportionalität, Funktion, Prozentwert, Grundwert, …
Daten und Zufall	Wahrscheinlichkeit, Median, Mittelwert, Boxplot, Diagramm, Häufigkeit, Rangliste, Kombination, Zufall, …

Abb. 9: Erklärgegenstände von Was-Erklärungen

Die Tabelle gibt lediglich einen kleinen Einblick in die Vielfalt elementarer Begriffe verschiedener schulmathematischer Inhaltsbereiche. Bei deren genauer Betrachtung stellt man fest, dass hinter jedem dieser Begriffe viele weitere wichtige Begriffe stehen, die für Erklärungen relevant werden und damit zu deren Komplexität beitragen können. Zur Verdeutlichung zeigen wir dies beispielhaft am Begriff *Bruch* (Abb. 10).

Kapitel II: Erklären im Mathematikunterricht

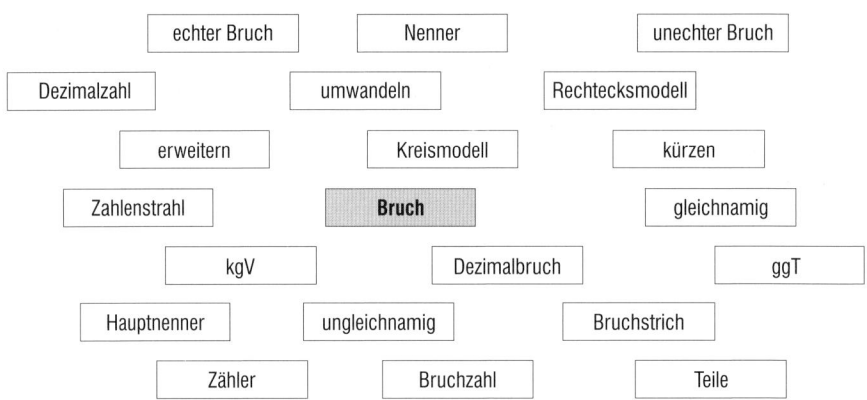

Abb. 10: Begriffsnetz *Bruch*

> **Exkurs: Begriffslernen**
> Beim Begriffslernen werden neue Begriffe gebildet und in der eigenen kognitiven Struktur verankert. Dies kann aus der Sicht von Psychologen nicht durch das Übernehmen von vorgegebenen Begriffen, Merksätzen oder Ähnlichem geschehen. Vielmehr handelt es sich beim Begriffslernen um einen Prozess, der in verschiedenen Phasen abläuft (vgl. Franke 2000, S. 90 f.; Holland 1996, S. 163–174). Am Beispiel des Begriffs *Quader* soll dies verdeutlicht werden. In der ersten Phase (intuitives Begriffsverständnis) lernen Schülerinnen und Schüler zunächst Repräsentanten für einen Begriff kennen, ohne diesen Begriff benennen zu können (z. B. Tafelschwamm, Kiste, Buch, Milchtüte). In einer zweiten Phase (inhaltliches Begriffsverständnis) werden die Merkmale und Eigenschaften dieses Begriffs (ein Quader hat acht Ecken; sechs Flächen, die unterschiedlich groß sein können; zwölf Kanten; alle Flächen stehen senkrecht aufeinander; ...) erfasst. Diese Begriffsmerkmale werden schließlich in einer dritten Phase (integriertes Begriffsverständnis) zu Merkmalen anderer Begriffe (z. B. beim Würfel sind alle Flächen deckungsgleich) abgegrenzt. Am Ende des Begriffsbildungsprozesses (formales Begriffsverständnis) steht das Wissen um verschiedene (formale) Definitionen zu einem Begriff (z. B. *ein Quader ist ein Körper, der von sechs rechteckigen Flächen begrenzt wird*) und das Wissen um die Einbettung dieses Begriffes in eine axiomatische Theorie.
> Wird der eigentliche Begriffsbildungsprozess in Teilen oder vollständig ausgespart und erfolgt lediglich der letzte Schritt, d. h. die Benennung des Begriffs, dann kann trotz dessen sprachlicher Verwendung nicht unmittelbar auf sein Verständnis geschlossen werden. Die sprachliche Verwendung von Begriffen ist somit kein Indiz für ihr Verständnis:

1 Was wird im Mathematikunterricht erklärt?

> *Von der psychologischen Seite her ist es wichtig zu sehen, dass man einen Begriff gebildet haben kann als eine mentale Einheit im Rahmen einer kognitiven Struktur, ohne eine genaue Definition oder eine (vereinbarte) Wortbezeichnung dafür zu haben. [...]*
> *Umgekehrt kann man bekanntlich auch eine Wortbezeichnung und eine verbale Definition für einen Begriff haben, ohne den Begriff selbst (d. h. eine entsprechende mentale Einheit in der kognitiven Struktur) gebildet zu haben.* (Zech 2002, S. 257)
>
> Eine vollständige Begriffsbildung ist erst dann erfolgt, wenn der Begriff aus neuen Objekten abstrahiert und generalisiert, d. h. auch in neuen Situationen richtig zugeordnet und angewendet werden kann (vgl. Zech ebd.).

1.2 Wie-Erklärungen

Wie-Erklärungen sind Erklärungen, die sich auf Handlungen beziehen. Daher werden sie auch als Handlungserklärungen bezeichnet. Sie geben an, wie ein Handlungsablauf ausgeführt werden kann. Dieser wird dabei so in Teilschritte zerlegt, dass der Ablauf einsichtig wird. Wie-Erklärungen können *mathematikspezifischer* oder *nicht-mathematikspezifischer* (z. B. organisatorischer) Art sein. Auch Kopplungen sind möglich.

Mathematikspezifische Handlungserklärungen sind beispielsweise Erklärungen zum Konstruieren von Dreiecken, zum Ausführen von Algorithmen und zum Umformen und Auflösen von Gleichungen.

Das nachstehende Transkript zeigt einen Ausschnitt aus einer Unterrichtsstunde einer siebten Klasse (Realschule). In dieser Unterrichtsepisode wird während des Bearbeitens einer Sachaufgabe das Auflösen der Gleichung $x + 12 + x = 74$ in einer Wie-Erklärung in den Fokus gerückt.

S 1		Und dann gibt jetzt das x plus das x gleich 62, ich versteh das irgendwie nicht.
L		Felix.
S 2		Du brauchst ja da x plus 12 plus x gleich 74, und dann haben wir, um die 12 wegzukriegen, minus 12 gemacht, dann ist die 12 weg. Ja und das gibt dann 62 und dann steht da nur noch x plus x gleich 62.
L		74 minus 12. Und ein x plus ein x gibt zusammen?
S 2		Zwei x.

Kapitel II: Erklären im Mathematikunterricht

> L   Jetzt muss ich noch teilen durch 2, dann bin ich bei 31.
>
> S 1 Ach so.

Nicht-mathematikspezifische Handlungserklärungen werden in der Regel im Kontext organisatorischer Unterrichtsgegebenheiten beispielsweise zum Arbeitsablauf oder zur Aufgabenstellung abgegeben. Nachstehender Ausschnitt stammt aus einer vierten Grundschulklasse. Die Lehrerin gibt hier in ihrer Wie-Erklärung konkrete strukturelle Hinweise zum Bearbeiten einer Sachaufgabe.

> L   Genau, ich hab mir selber ein paar Fragen überlegt, die ihr bearbeiten könnt. Vielleicht habt ihr auch noch andere Ideen. Der Simon hatte jetzt die Idee mit dem Gewicht. Die Idee hatte ich jetzt zum Beispiel nicht. Könnte man aber auch noch ausrechnen. Ihr bekommt jetzt diese Aufgabe. Und ich hab drei Fragen dazu, und bei euch ist immer eine angekreuzt. Und mit dieser Frage, die angekreuzt ist, die sollt ihr als erstes bearbeiten. Da sollt ihr euch zuerst Gedanken drüber machen. Und wenn ihr da zu einer Lösung gekommen seid, dann könnt ihr euch selber raussuchen, mit welcher Aufgabe ihr weitermacht. Ihr könnt zu zweit, zu dritt arbeiten. Wenn ihr denjenigen findet, der die gleiche Aufgabe auch angekreuzt hat, mit dem könnt ihr dann auch zusammenarbeiten, o. k.? Ihr könnt nach vorne kommen, ihr könnt mit der Palette schaffen, mit der Kiste, alles was da vorne steht. Hat noch jemand eine Frage?

Oft ergibt es sich aus der Unterrichtssituation heraus, dass mathematikspezifische und nicht-mathematikspezifische Wie-Erklärungen zusammen abgegeben werden.

Im folgenden Beispiel gibt der Lehrer einerseits eine nicht-mathematikspezifische Erklärung. Er teilt seinen Schülerinnen und Schülern mit, wie im weiteren Verlauf der Stunde vorgegangen werden soll. Darüber hinaus gibt er auch eine mathematikspezifische Erklärung ab, indem er mitteilt, wie die Notation dazu zu erfolgen hat, nämlich mit Begründung aller Zahlen und Gedanken.

> L   Ihr benutzt bitte wieder eine Folie, um eure Endgedanken zu notieren, sodass wir sie präsentieren können. Vergesst bitte nicht, alle Zahlen, woher sie kommen, zu begründen, zum Beispiel die 15, woher kommt denn jetzt die 15? Die 30 oder die 22? Bitte nicht einfach irgendwelche Rechnungen aufschreiben. Wir möchten genau wissen, wo kommt diese Zahl her? Hast du eine Annahme getroffen, hast du etwas gewusst, hast du etwas ausgerechnet, hast du etwas ausprobiert? Schreibt das bitte auf. Notizen

> dürft ihr euch gerne wieder auf weißem Papier mit schwarzen Stiften machen, Namen draufschreiben, dass wir es nachher zuordnen können.
> Ihr dürft euch Hilfsmittel holen: Ich habe euch Maßbänder mitgebracht, Klebestreifen, die man eventuell auf den Boden kleben könnte, um etwas auszuprobieren, auszurechnen, herauszufinden. Ich habe euch Papier mitgebracht als ganze Packung, Karton noch dazu, ihr dürft alles benutzen. Es gibt nicht für jede Gruppe etwas, das heißt, ihr müsst euch absprechen oder einen Platz ausmachen, wo man gemeinsam probieren kann. Fragen?
> Dann löse ich den Stuhlkreis auf. Ihr habt Zeit bis 9:15 Uhr, eine halbe Stunde, dann präsentieren wir. Gut.

Innerhalb der mathematischen Leitideen kommen mathematikspezifische Wie-Erklärungen beispielsweise zu folgenden Handlungen vor:

Leitidee	Erklärgegenstand
Zahl	Schriftliches Rechnen, Erweitern von Brüchen, Umformen von Termen, …
Messen	Zeichnen und Messen von Winkeln, Einsetzen von Angaben in Formeln, …
Raum und Form	Konstruieren von Dreiecken, Berechnen von Winkelgrößen, …
Funktionaler Zusammenhang	Erstellen von Wertetabellen, Eintragen von Wertepaaren in ein Koordinatensystem, Berechnen von Funktionswerten, …
Daten und Zufall	Berechnen des Medians, Erstellen von Schaubildern, …

Abb. 11: Erklärgegenstände von Wie-Erklärungen

1.3 Warum-Erklärungen

Warum-Erklärungen stellen Zusammenhänge und Beziehungen in den Vordergrund. Sprachlich werden sie oft durch Kausalbeziehungen (z. B. *weil*) umgesetzt. Warum-Erklärungen können ebenso wie Wie-Erklärungen und Was-Erklärungen sowohl *mathematikspezifisch* als auch *nicht-mathematikspezifisch* sein.

Bei *mathematikspezifischen* Warum-Erklärungen geht es um das Erklären der Sinnhaftigkeit von bestimmten Vorgehensweisen und Strategien. Dies erfolgt über Argumentationen, Begründungen und Beweise. Einzelne Wissens- oder Verständnisbausteine werden logisch miteinander verknüpft und zu einem Wissens- und Verständnisgefüge zusammengesetzt. Beziehungen und Zusammenhänge verschiedener Begriffe, Objekte und Gegebenheiten spielen dabei eine wichtige Rolle.

Es existieren unterschiedliche Ausprägungen solcher Warum-Erklärungen, in die die folgenden Transkripte einen Einblick geben.

Warum-Erklärung zur Begründung der Allgemeingültigkeit

Dieses Beispiel stammt aus einer siebten Realschulklasse. Die Schüler hatten die Aufgabe, die Richtigkeit der Aussage *„Die Summe aus einer Zahl und ihrem Doppelten ist immer durch drei teilbar"* zu zeigen. Anhand einer selbst beschriebenen OHP-Folie erklärt ein Schüler seinen Ansatz und gibt auf Nachfrage auch eine Begründung ab, warum dieser Ansatz stimmig und allgemeingültig ist.

D) S 1   Also, man muss ja erst x plus zwei x, das sind dann ja drei x.

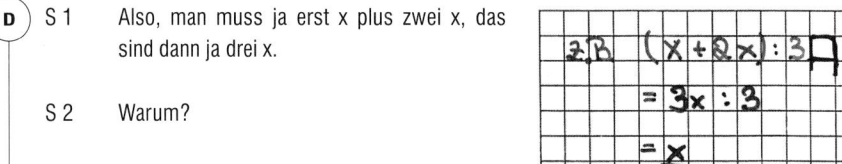

S 2   Warum?

S 1   Und bei geteilt und bei mal kann man sich die x und y und das Ganze alles wegdenken, dann ist ja drei geteilt durch drei und das sind ja dann eins und dann muss man das x wieder dazu und das sind dann ein x und also dann wieder x.

L   Samuel, kannst du mal erklären, wie du auf x plus zwei x kommst?

S 1   (lacht) Nicht mehr. (überlegt)

Ach so, ähm, ich hab, also man hat ja, man nimmt ja jetzt irgendeinen Buchstaben, also x, und dann muss man das Doppelte davon nehmen. Das sind dann zwei x und das zusammenaddieren, also x plus zwei x.

L   Genau, und warum können wir jetzt sagen, dass es immer gilt? Warum können wir sagen, ähm, in dem Fall ist jede Zahl, egal was für eine Zahl wir nachher nehmen, immer durch drei teilbar? Warum stimmt denn diese Aussage?

S 1   Weil das hiermit (zeigt auf die Gleichung auf seiner Folie) funktioniert und weil x eine Variable ist.

L   Und was können wir für das x einsetzen?

S 1   Jede beliebige Zahl.

L   Habt ihr noch Fragen?

S 3   Gut, Sammy.

1 Was wird im Mathematikunterricht erklärt?

Warum-Erklärung zur Begründung der Notwendigkeit einer bestimmten Vorgehensweise

In einer vierten Grundschulklasse sollten die Schüler ermitteln, wie viele Reiskörner ungefähr in einem Kilopaket Reis enthalten sind. Eine Schülergruppe hat dazu zunächst mit einer Küchenwaage ein einzelnes Reiskorn ausgewogen. Da jedoch ein einzelnes Reiskorn außerhalb des Messbereichs einer Küchenwaage liegt, musste eine andere Strategie gewählt werden. Die Notwendigkeit, ihr strategisches Vorgehen zu ändern, macht die Gruppe in folgendem Unterrichtsgespräch deutlich:

D S 1   Äh, wir haben gerechnet, wie viele Körner ungefähr in einem Kilo Reis sind, und da haben wir uns vielleicht ein bisschen komisch angestellt. Und das erzählen wir euch jetzt.
Die Idee war – mit einer Küchenwaage wollten wir ein Reiskorn abwiegen. Das Reiskorn war aber viel zu leicht und dann haben wir, von einem Reiskorn haben wir dann so viele draufgetan, bis es fünf Gramm waren. Und dann haben wir die gezählt. Da sind wir dann ungefähr auf die Zahl 310 Körner in fünf Gramm gekommen. Dann haben wir den Taschenrechner genommen und haben gerechnet.
(klappt die Tafel auf)

L   Macht mal die Tafel ganz auf.
(hilft der Gruppe beim Aufklappen der Tafel und notiert mit)
5g Reis ≈ 310 Körner
310 · 200 = 62.000 (mit dem Taschenrechner)

S 1   Da haben wir gerechnet. Und für fünf Gramm herausgekriegt, dass in 1 Kilo Reis ungefähr 62.000 Reiskörner drin sind.

L   Hat jemand 'ne Frage, an die Gruppe? Furkan?

S 2   Mhm, warum haben die fünf Gramm Reis gleich ca. 310 Körner gemacht?

S 1   Ähm, ja, weil ähm, fünf Gramm Reis, das ist ja nicht ein Reiskorn, das sind mehrere. Und die haben wir dann gezählt und da sind wir dann auf 310 gekommen.

Warum-Erklärung zur Begründung für die Sinnhaftigkeit eines Begriffs

Nachfolgendes Transkript zeigt einen Gesprächsausschnitt aus einer siebten Realschulklasse. Nach dem Abschluss des Begriffsbildungsprozesses wird der Sinn des Prozentbegriffs thematisiert. Im Verlauf des Unterrichts fordert der Lehrer von seinen Schülern eine Warum-Erklärung ein.

Kapitel II: Erklären im Mathematikunterricht

> D L   Wozu braucht man jetzt Prozente? Fabian?
>
> S   Ähm, um zwei verschiedene Angaben miteinander zu vergleichen.
>
> L   Bitte? Fabian, sag's noch mal laut.
>
> S   Ähm, um zwei Werte miteinander besser vergleichen zu können.
>
> L   Wie meinst du das denn genau?
>
> S   Wir hatten da doch die Aufgabe, wo wir 17 von 19 äh oder 20 und 24 von 28 Schülern verglichen haben.

Warum-Erklärung zur Begründung einzelner (Teil-)Ergebnisse

Hier ist ein Transkriptausschnitt aus einer Modellierungsstunde (Klasse 6, Realschule) zu lesen. Ausgangspunkt der Stunde war nachstehende Aufgabe (LEMA 2010; Originalfoto unter http://lema-project.hu):

> A Am 25.04.2006 präsentierte die Opposition der spanischen Regierung 4.000.000 Unterschriften gegen ein neues Gesetz, welches die Regierung vorgeschlagen hatte. Alle spanischen Zeitungen veröffentlichten ein Bild mit den großen Kisten und schrieben, dass insgesamt 10 Transporter gebraucht werden würden, um diese Kisten zum Parlament zu transportieren. Glaubst du, dass diese Kisten und die Transporter wirklich notwendig sind, um 4.000.000 Unterschriften zu transportieren?

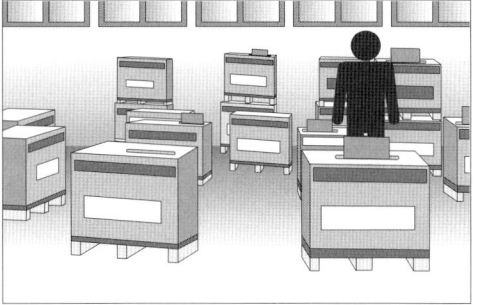

Nach einer ausgiebigen Gruppenarbeitsphase sollten unterschiedliche, an der Tafel festgehaltene Lösungen (140.000 und 75.000) bzw. Lösungsschritte diskutiert werden. An dieser Stelle fordert der Lehrer *Warum-Erklärungen* bezüglich der unterschiedlichen Lösungen ein.

1 Was wird im Mathematikunterricht erklärt?

> **D** L Ancellia, warum haben wir einmal 140.000 und einmal 75.000 Unterschriften als Ergebnis herausbekommen?
>
> S Weil bei den 75.000 ist eine Seite beschrieben und bei den 140.000 ist es doppelseitig.

Die oben stehenden Beispiele geben einen Einblick in die Vielfalt an Unterrichtssituationen, in denen *mathematikspezifische* Warum-Erklärungen eine Rolle spielen. Dazu gehören

- Situationen, in denen die (Allgemein-)Gültigkeit von mathematischen Ansätzen (z. B. das Aufstellen von Termen, Gleichungen) begründet wird
- Situationen, in denen bestimmte Vorgehensweisen, Strategien und Lösungswege begründet werden
- Situationen, in denen die Sinnhaftigkeit und die Verwendung von Begriffen, Sätzen usw. begründet werden
- Situationen, in denen unterschiedliche Teilergebnisse begründet werden.

Darüber hinaus sind viele weitere Situationen denkbar, in denen mittels Warum-Erklärungen argumentiert und begründet sowie der Zusammenhang zwischen bestimmten Gegebenheiten gezeigt wird.

Bezogen auf mathematische Leitideen beziehen sich Warum-Erklärungen beispielsweise auf Erklärgegenstände, wie sie in Abbildung 12 aufgeführt sind.
Warum-Erklärungen zielen – wie weiter oben bereits beschrieben – darauf ab, Zusammenhänge aufzuzeigen und diese zu begründen. Es geht um die Vertiefung des inhaltlichen Verständnisses. Zusammenhänge bestehen dabei immer aus mehreren gedanklichen Aspekten, die alle in eine Erklärung einfließen müssen. Die Tabelle (Abbildung 12) gibt einen Einblick in unterschiedliche Erklärgegenstände, die mathematikspezifische Warum-Erklärungen auslösen können.
Ein weiterer Aspekt von Warum-Erklärungen kann durch diese Tabelle nur schlecht wiedergegeben werden: Ziel von Warum-Erklärungen ist auch, sowohl Vernetzungen zwischen Darstellungsformen (inter- und intramodaler Transfer; siehe Kapitel II.2.2) als auch Vernetzungen zwischen einzelnen Inhaltsbereichen zu erreichen. Die Vernetzung einzelner Inhaltsbereiche innerhalb von Warum-Erklärungen ergibt sich beispielsweise bei der Fragestellung, warum ein Würfel unter allen Quadern bei gleicher Oberfläche das größte Volumen besitzt. Dies wäre beispielsweise eine Vernetzung der Leitidee Raum und Form mit der Leitidee Messen oder der Leitidee Funktionaler Zusammenhang.

Leitidee	Erklärgegenstand
Zahl	Übertragsziffer bei schriftlichen Rechenverfahren, Notwendigkeit von Zahlbereichserweiterungen, Begründung für das Erweitern von Brüchen, ...
Messen	Begründung für die Innenwinkelsumme im Dreieck/Viereck, Einsicht in mögliche Messvorgänge zur Ermittlung von Flächeninhalten, Begründung für die Lage des Umkreismittelpunkts, ...
Raum und Form	Begründung der Sinnhaftigkeit von Formeln (z. B. Volumenformeln), Beziehungen zwischen Oberfläche und Volumen, Beziehungen zwischen Flächeninhalt und Umfang, ...
Funktionaler Zusammenhang	Bedeutung von Parametern in Funktionsgleichungen und ihre Auswirkung auf Funktionsgraphen, Sinnhaftigkeit mathematischer Modelle zu bestimmten Realmodellen, ...
Daten und Zufall	Begründung von Wahrscheinlichkeiten, Begründung der Aussagekraft von Diagrammen, ...

Abb. 12: Erklärgegenstände von Warum-Erklärungen

Was-, Wie- und Warum-Erklärungen treten im Unterricht teilweise losgelöst voneinander auf. In Situationen, in denen während eines Erklärprozesses Defizite deutlich werden und (Teil-)Erklärungen eingeschoben werden müssen, kommt es aber auch zu einer Kopplung dieser Erklärkategorien. Um beispielsweise begründen zu können, warum eine Aufgabe mit der Konstruktion des Umkreismittelpunktes gelöst werden kann (Warum-Erklärung), muss bei Bedarf sowohl der Begriff *Mittelsenkrechte* (Was-Erklärung) als auch die *Konstruktion einer Mittelsenkrechten* (Wie-Erklärung) thematisiert und erklärt werden.

Der folgende Unterrichtsausschnitt zeigt solch eine Kopplung. Eine siebte Realschulklasse beschäftigt sich dabei mit folgender Aufgabenstellung:

 Für drei Hochhäuser soll ein Abenteuerspielplatz gebaut werden. Die Bewohner der Hochhäuser wünschen sich, dass es alle Kinder gleich weit zum Spielplatz haben.

Im Verlauf des Unterrichts wird anhand der nachfolgenden Abbildung über geometrische Verfahren zur Lösung der Aufgabe diskutiert.

1 Was wird im Mathematikunterricht erklärt?

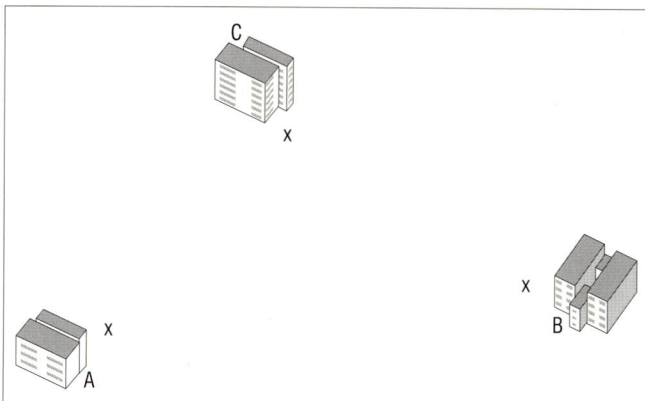

Abb. 13: Spielplatz-Aufgabe

Ein Schüler schlägt vor, Mittelsenkrechten zu verwenden. Daraufhin wird von der Lehrperson eine Was-Erklärung initiiert, die in diesem Fall nur unzureichend von einem Schüler abgegeben wird.

D L		Was ist eine Mittelsenkrechte? Sag's noch mal!
S		Das ist die Mitte, ähm, das ist ein Strich, der ist in der Mitte von zum Beispiel der Strecke c, die von A und B genau gleich weit entfernt ist.

Im Anschluss an diese Was-Erklärung wird in einer Wie-Erklärung thematisiert, wie eine Mittelsenkrechte konstruiert werden kann.

D L		Aber wie machen wir das mit den Mittelsenkrechten?
S 1		Mit dem Zirkel.
L		Beschreib's mal.
S 1		In einer Ecke einstechen, einen Kreis ziehen, dann die …
S 2		Wie lang?
S 1		… na ist egal eigentlich, nur ein bisschen über die Mitte rausgehen. Dann in die andere Ecke einstechen, mit der gleichen Weite auch einen Kreis ziehen. Die schneiden sich dann in zwei Punkten. Die zwei Punkte verbinden.

Kapitel II: Erklären im Mathematikunterricht

| L | Richtig. Das ist die Möglichkeit, Mittelsenkrechten einzuzeichnen. |

Nachdem ein mögliches Verfahren zur Konstruktion von Mittelsenkrechten erklärt ist und die Mittelsenkrechten auch eingezeichnet sind, steht die Frage im Raum, warum genau der Schnittpunkt dieser Mittelsenkrechten der gesuchte Punkt ist. Daraus ergibt sich eine Warum-Erklärung.

D L   Mh. Warum ist denn dieser Schnittpunkt genau der Punkt, wo der Spielplatz gebaut werden kann?

S 1   Ja weil die, wenn des zwei Hochhäuser gewesen wären, wird das ja unendlich groß, aber das sind ja drei und da muss man halt den Abstand …

L   Würde es unendliche Lösungen geben, wenn es nur zwei Hochhäuser gewesen wären?

S 1   Ja, oder halt auf der, auf der Linie.

L   Mh, jetzt haben wir drei Hochhäuser, warum ist denn dieser Schnittpunkt, warum ist es der einzig richtige Punkt, an dem der Spielplatz gebaut werden kann? Warum erfüllt er die Bedingung, dass es gleich weit vom Spielplatz entfernt ist? Olli?

S 2   Ja das wird ja quasi nur ein Dreieck und jede Strecke AB oder AC oder BC oder so, kann man ja immer nur eine Mittelsenkrechte zeichnen und die drei kreuzen sich ja dann nur an einer Stelle. Und das ist dann quasi die einzige Stelle, wo man das machen kann, wo es dann auch gleich weit entfernt ist.

Im Gegensatz zu *mathematikspezifischen* Warum-Erklärungen werden in *nicht-mathematikspezifischen* Warum-Erklärungen beispielsweise Erklärungen zum Unterrichtsablauf, zur Unterrichtsmethode oder anderen vorwiegend organisatorischen Begebenheiten abgegeben (z. B. „*Die Aufgabe besprechen wir jetzt nicht gemeinsam, weil ich möchte, dass ihr euch zunächst allein mit der Aufgabe auseinandersetzt*"). Dadurch wird den Schülern Einblick und Einsicht in die Unterrichtsorganisation gegeben.

Einen abschließenden Überblick über die Merkmale, Unterkategorien und Ziele der unterschiedlichen Erklärungen im Mathematikunterricht gibt die Abbildung 14.

1 Was wird im Mathematikunterricht erklärt?

	Was-Erklärungen	**Wie-Erklärungen**	**Warum-Erklärungen**
Merkmale	• adressatenbezogen • enthalten alle wichtigen Verstehenselemente • kurz und prägnant • können Beispiele, Gegen- und Nichtbeispiele enthalten • meist einschrittig • …	• adressatenbezogen • enthalten alle wichtigen Verstehenselemente • umfassend(er) • können Vergleiche und Analogien enthalten • mehrschrittig • Einzelschritte sind aufeinander bezogen • Reihenfolge ist wichtig • …	• adressatenbezogen • enthalten alle wichtigen Verstehenselemente • umfassend(er) • können Analogien enthalten • können einschrittig oder mehrschrittig sein • Einzelschritte sind aufeinander bezogen • Reihenfolge ist durch Kausalzusammenhänge festgelegt • …
Unterkategorien	• mathematikspezifische Was-Erklärungen: Klärung von Fach-Begriffen • nicht-mathematikspezifische Was-Erklärungen: Klärung von Alltags-Begriffen	• mathematikspezifische Wie-Erklärungen: Klärung von Handlungsabläufen • nicht-mathematikspezifische Wie-Erklärungen: Klärung von unterrichtsorganisatorischen Begebenheiten	• mathematikspezifische Warum-Erklärungen: Klärung der Sinnhaftigkeit von Vorgehensweisen/ Strategien/mathematischen Zusammenhängen/… • nicht-mathematikspezifische Warum-Erklärungen: Begründung von unterrichtsorganisatorischen Begebenheiten
Ziele	• helfen Begriffsverständnis aufzubauen • nehmen Abgrenzungen zu anderen Begriffen vor • schließen Wissenslücken • überprüfen bzw. rufen Verständnis ab • geben am Ende von Erklärprozessen einen Überblick • fassen am Ende von Erklär- bzw. Lernprozessen zusammen • sind Ankerpunkte beim Einführen neuer Inhalte • …	• geben Aufschluss über inhaltsspezifische Strategien • schließen Wissenslücken • geben Einsicht in unterrichtsorganisatorische Abläufe • überprüfen Handlungskompetenzen wie das Ausführen von Algorithmen, … • fassen am Ende von Erklär- bzw. Lernprozessen zusammen • …	• helfen, gedankliche Strukturen aufzubauen • generieren vertieftes Verständnis • zeigen neue Perspektiven/ Blickwinkel/Zusammenhänge auf • regen metakognitive Prozesse an • …

Abb. 14: Was-, Wie- und Warum-Erklärungen

2. Wie wird im Mathematikunterricht erklärt?

Im Mathematikunterricht gibt es unterschiedliche Möglichkeiten, etwas zu erklären. Einerseits kommen mündliche Erklärungen vor, andererseits werden Erklärungen aber auch schriftlich formuliert und festgehalten. In beiden Fällen lässt sich die Sprache durch Veranschaulichungen und Darstellungen (enaktiv, ikonisch, symbolisch) unterstützen und ergänzen. Auch in der methodischen Vorgehensweise gibt es beim Erklären Unterschiede. So kann ein mathematischer Sachverhalt induktiv (d. h. ausgehend von konkreten (Zahlen-)Beispielen), deduktiv (d. h. ausgehend vom allgemeinen Fall) oder auch unter Zuhilfenahme von Analogien (und damit durch Verweis auf bereits Bekanntes) erklärt werden.

Alle Möglichkeiten haben im Mathematikunterricht ihre Berechtigung, keine von ihnen dominiert. Vielmehr geht es darum, aus der Vielfalt der möglichen Erklärungen diejenige auszuwählen, die in der jeweiligen Situation zielführend ist. Das Wissen und das Bewusstsein um die verschiedenen Möglichkeiten können helfen, Verknüpfungen bzw. flexible Wechsel von einer Erklärvariante zur anderen zu unterstützen.

2.1 Schriftliches und mündliches Erklären

Mündliche Lehrererklärungen sind trotz aller Diskussion um konstruktivistisches Lernen nach wie vor ein Bestandteil des Mathematikunterrichts. Obwohl Lehrer selbstverständlich darum bemüht sind, ihre Erklärungen adressatenbezogen abzugeben, kommt es vor, dass Schüler Verständnisschwierigkeiten mit diesen Erklärungen haben. Dies mag daran liegen, dass sie sich unter Umständen in die Sprache, den Denkstil und die Darstellungen von Erwachsenen hineindenken müssen, was nicht immer einfach ist.

Neben den gewohnten Lehrererklärungen kommt es in einem veränderten Mathematikunterricht (vgl. Einleitung sowie Kapitel I.1.5) aber immer häufiger zu Situationen, in denen Schüler erklären. Dies bedeutet, dass sich sowohl Lehrer als auch Schüler vermehrt auf mündliche Schülererklärungen einstellen müssen. Was verspricht man sich von Schülererklärungen?

Soll ein Schüler seinen Mitschülern etwas erklären, so ist er zunächst einmal dazu angehalten, sich selbst mit dem Erklärgegenstand auseinanderzusetzen und diesen zu verstehen. Erst wenn das eigene Verständnis vorhanden ist, ist zumindest eine Grundvoraussetzung dafür gegeben, dass gut erklärt werden kann. Für eine effiziente Erklärung muss der Lernende anschließend seine Gedanken so strukturieren und in Worte fassen, dass der Erklärgegenstand dem Zuhörer verständlich wird. Der Zuhörer hat die Aufgabe, die Erklärung mit seinem eigenen Wissen bzw. Verständnis abzugleichen. Treten hierbei Verständnisschwierigkeiten auf oder deckt sich die Erklärung nicht mit den eigenen Vorstellungen, dann sollte es zu einem Feedback (beispielsweise in Form einer Nachfrage) kommen. Dabei können dann Widersprüche und/oder Rahmungsdifferenzen (Voigt 1984) aufgedeckt werden, was dazu führt, dass die Erklärung gegebenenfalls weiter ausgebaut oder variiert wird. Der Lehrer hat innerhalb dieses Prozesses die Aufgabe, das Ausleben und Ausgleichen der Rahmungsdifferenzen zuzulassen und die Schüler (evtl. durch Moderation) zu unterstützen und zu fördern. Bei allem Potenzial, das ein vermehrter Einsatz von mündlichen Schülererklärungen mit sich bringt, darf nicht unterschätzt werden, dass Schülererklärungen häufig unstrukturiert abgegeben werden. Aus ihnen können sich daher ebenfalls Verständnisschwierigkeiten ergeben. Gutes Erklären kann nicht vorausgesetzt werden, es muss Teil des Lernprozesses sein.

Neben mündlichen Erklärungen kommen im Unterricht auch schriftliche Erklärungen von Lehrern und von Schülern vor. Schriftliche Erklärungen von Lehrern bzw. Erwachsenen finden sich in Schulbüchern, auf Arbeitsblättern oder in (vorüberlegten) Tafelanschrieben wieder. Auch hier kann die Tatsache, dass die Formulierungen zumeist von Erwachsenen stammen, zu Verständnisschwierigkeiten führen. Schriftliche Schülererklärungen nehmen in den letzten Jahren innerhalb des Mathematikunterrichts eine immer größere Rolle ein. Gegenüber mündlichen Erklärungen haben sie den Vorteil, dass sie dauerhaft fixiert sind und nicht wie das gesprochene Wort schnell in Vergessenheit geraten. Darüber hinaus verlangsamt das bewusste Notieren von Gedanken und Lösungsstrategien den Prozess der sprachlichen Äußerung. Den Lernenden steht mehr Zeit zur Verfügung, die eigenen Gedanken zu strukturieren und darzustellen (vgl. Maier 2000, S. 13). In bestimmten Unterrichtssituationen scheint es daher angebracht zu sein, mündliche Erklärungen durch schriftliche zu unterstützen oder teilweise gar zu ersetzen. Dies hat darüber hinaus auch den Vorteil, dass zu einem späteren Zeitpunkt auf sie zugegriffen werden kann. Beispielsweise können schriftliche Erklärungen als Anlass für weiterführende Auseinandersetzungen mit einem bestimmten Inhalt dienen, in dessen Folge (bestehende) Gedanken neu überdacht, erweitert oder verworfen werden.

Darüber hinaus lassen sich schriftliche Schülererklärungen – analog zu den mündlichen – als Diagnoseinstrument einsetzen. Die Analyse schriftlicher Schülerdokumente ermöglicht allen am Lernprozess Beteiligten einen vertieften Einblick in individuelle Leistungsstände.

Schriftliche Schülererklärungen können beispielsweise vorkommen in:

- Lerntagebüchern
- Themenstudien
- Wissensspeichern
- Schreibgesprächen.

> **ⓘ Exkurs: Schriftliche Schülererklärungen**
>
> **Lerntagebuch**
> Das Lerntagebuch ist mit einem normalen Tagebuch zu vergleichen. Es werden Einträge gemacht, die auf eigenen Erfahrungen beruhen. Im Mathematikunterricht sind dies Gedanken zum Lernprozess sowie eigene Beobachtungen während des Lernens. Die Schüler dokumentieren, welche Überlegungen und Erkenntnisse sie zu einem bestimmten mathematischen Inhalt angestellt bzw. erlangt haben. Ziel ist ein vertieftes Verständnis der behandelten Themen. Es können Wie-, Was- und Warum-Erklärungen vorkommen. Die Inhalte der Lerntagebücher können Ausgangspunkt für Gespräche über Lernwege, Lernprobleme usw. sein (Gallin/Ruf 1998, Ruf/Gallin 1999).
>
> **Themenstudie**
> In Themenstudien werden ausgewählte Teilgebiete der Mathematik genauer erkundet. Den Schülern stehen „Rohmaterialien", z. B. in Form von Zeitungsausschnitten, Bildern, Aufgaben und Büchern, zur Verfügung. Diese sollen gelesen, strukturiert ausgewertet und inhaltlich zusammengefasst werden. Ziel der Themenstudienarbeit ist die Entwicklung der Fähigkeit, sich selbst in ein neues Gebiet einzuarbeiten: Schülerinnen und Schüler sollen sich ein für sie bislang unbekanntes Themengebiet mithilfe unterschiedlicher Materialien selbst erklären und dieses neue Wissen schriftlich so fixieren, dass sie es wiederum anderen erklären können (vgl. Kuntze/Prediger 2005).
>
> **Wissensspeicher**
> Ein Wissensspeicher enthält bereits behandelte Inhalte in schriftlicher Form. Dies kann beispielsweise ein Karteikasten sein, in dem sich Erklärungen für wesentliche mathematische Begriffe befinden (Was-Erklärungen).
>
> **Schreibgespräch**
> Das Schreibgespräch ist eine Methode, bei der gemeinsam in Kleingruppen eine Aufgabe bearbeitet wird. Die Kommunikation erfolgt allerdings ausschließlich schriftlich. Dazu hält zunächst jeder Einzelne auf einem leeren Blatt seine Ideen zur Aufgabe fest. Im Anschluss daran werden die Blätter getauscht, gelesen und weiterbearbeitet. Mündliche Gespräche und Rückfragen sind nicht erlaubt. Das hat den Vorteil, dass jeder seine Gedanken gleichberechtigt formulieren darf. Zum Schluss werden die Dokumente gemeinsam in der Kleingruppe zusammengefasst und fokussiert (vgl. Leuders 2007, S. 192 ff.).

Neben allen Vorteilen, die das Erstellen schriftlicher Schülererklärungen mit sich bringt, darf man jedoch nicht vergessen, dass das Einbeziehen von Schülererklärungen in den Unterricht mit zum Teil hohen unterrichtlichen Herausforderungen verbunden ist, z. B. im Hinblick auf die zahlreichen unterschiedlichen Dokumente.

Im Unterschied zu vorgegebenen Erklärungen Erwachsener enthalten Schülererklärungen oft auch spontane, unausgereifte Gedanken. Diese Gedanken werden teilweise durch dem Alltagswissen entstammende, eigene, eher unmathematische Begriffe ausgedrückt. Satzbau und Struktur der Erklärungen entsprechen nicht immer der Form, die sich Erwachsene wünschen. Dies kann Schülererklärungen unverständlich machen und Verstehens- bzw. Kommunikationsprozesse erschweren.

Zudem sind schriftliche Schülererklärungen teilweise nicht hinreichend schlüssig aufbereitet. Weil häufig bei wesentlichen Teilschritten Erläuterungen fehlen, die reine symbolische Darstellung oftmals überwiegt und Verbindungen zwischen den einzelnen gedanklichen Schritten Mängel aufweisen, ist das Nachvollziehen und Verstehen solcher Erklärungen sehr schwierig.

Für unvollständige Darstellungen schriftlicher Schülererklärungen gibt es unterschiedliche Gründe. Zum einen sind Schüler es nicht gewohnt, ihre Gedanken zu notieren. Dementsprechend sind sie verunsichert darüber, welche Anforderungen an sie gestellt werden. Es bedarf wie in jedem Lernprozess einer gewissen Zeit, um Schülerinnen und Schüler an solche Aufgabenformate zu gewöhnen. Zum anderen hängt das (schriftliche) Artikulieren entscheidend vom bisherigen Spracherwerb ab. Dies darf vor allem bei Schülern mit Migrationshintergrund nicht unterschätzt werden.

In Unterrichtssituationen, in denen anhand von schriftlichen Dokumenten mündlich erklärt wird (z. B. in Präsentationen), ist es erstrebenswert, dass der Erklärende sich während des mündlichen Erklärens vom genauen Wortlaut seines schriftlichen Dokuments löst. Schließlich sollen die vorbereiteten schriftlichen Erklärungen nicht zum wörtlichen Vorlesen verwendet werden. Vielmehr dienen Struktur, wichtige Schlüsselbegriffe und der logische Aufbau der schriftlichen Erklärung als Skelett für das mündliche Erklären. Mündliche Erklärungen werden im Unterschied zu den schriftlichen Dokumenten freier und umgangssprachlicher formuliert und müssen die Möglichkeit offenlassen, auf Rückfragen zu reagieren und Beispiele zu ergänzen.

2.2 Erklären mit Veranschaulichungen

Ist von Veranschaulichungen die Rede, so assoziiert man damit unter Umständen zunächst einmal die drei verschiedenen Darstellungs- oder Repräsentationsformen, die auf Bruner (1966, S. 6 f.) zurückgehen: enaktiv, ikonisch und symbolisch. Während es bei der enaktiven Darstellungsform um konkrete Handlungen geht, wird unter der ikonischen Darstellung ein Bild oder eine Abbildung verstanden. Die symbolische Darstellung beinhaltet nach Bruner sowohl die formale Sprache (z. B. der Mathematik) als auch die natürliche Sprache im Sinne von Verbalisierungen. Zech (1998, S. 106) bezieht sich in seinen Ausführungen auf Bruner. Er fasst allerdings im Gegensatz zu Bruner diese beiden Ausprägungen der symbolischen Darstellung nicht unter einem Begriff (*symbolisch*) zusammen, sondern teilt die symbolische Darstellung auf in eine Ebene der Zeichen und eine Ebene der Sprache (vgl. auch Bönig 1995, S. 60). Mit der Ebene der Zeichen meint Zech Formeln, mathematische Zeichen usw., mit der Ebene der Sprache Verbalisierungen.

Lompscher (1972, S. 53) spricht von verschiedenen Erkenntnisebenen, welche im Wesentlichen den Brunerschen Darstellungen entsprechen. Unter anderem thematisiert er die jeweils unterschiedliche Rolle der Sprache. Sie kann einerseits Träger der geistigen Handlung sein, andererseits aber als zusätzliches Element (z. B. zur Handlungssteuerung oder zur Ergebnissicherung) fungieren. Allen Autoren gemeinsam ist der Hinweis darauf, dass der bewusste Einsatz unterschiedlicher Darstellungsformen den Lernprozess unterstützt. Dabei wird unterschieden, ob innerhalb einer Darstellungsform unterschiedliche Darstellungen (z. B. Kreisdiagramm und Balkendiagramm innerhalb der ikonischen Darstellungsform) zum Einsatz kommen (*intramodaler Transfer*) oder ob von einer Darstellungsform (z. B. der ikonischen) in eine andere Darstellungsform (z. B. die enaktive) gewechselt wird (*intermodaler Transfer*). Weitere Ausführungen hierzu finden sich in Bauersfeld (1972).

Tatsächlich können enaktive, ikonische und symbolische Darstellungen dazu beitragen, Begriffe, Sachverhalte und Beziehungen zu veranschaulichen. Der Begriff *Quader* kann beispielsweise grundsätzlich sowohl durch das Herstellen eines Quaders (enaktiv) als auch durch das Foto eines Tafelschwammes als Repräsentant eines Quaders (ikonisch) oder durch eine formale schriftliche oder verbale Definition (symbolisch) veranschaulicht werden. Verbale Beschreibungen wecken bei den Zuhörern Assoziationen, es entstehen interne Bilder. Daher kann auch durch das Medium Sprache veranschaulicht werden. Die entstehenden mentalen Bilder sind bei den Zuhörern jedoch unter Umständen verschieden.

Beim Veranschaulichen können Veranschaulichungsmittel und/oder unterschiedliche Visualisierungen eingesetzt werden. Zu den Veranschaulichungsmitteln zählen kontextspezifische didaktische Materialien wie zum Beispiel Bruchplättchen, Winkelscheibe, Kanten-, Voll- und Flächenmodelle von Körpern. Zu den Visualisierungen gehören beispielsweise Skizzen, Bilder, Fotos und Flussdiagramme (vgl. Rademacher 2004; Brüning/Saum 2007; Seifert 1995).

Veranschaulichungen werden im Mathematikunterricht benötigt, um sowohl außermathematische als auch innermathematische Sachverhalte darzustellen. Außermathematische Sachverhalte kommen insbesondere dann zum Tragen, wenn es um das Verstehen von Sachsituationen und -zusammenhängen geht. Dies spielt vor allem beim Unterrichten von Schülern, die sprachliche Defizite haben, eine große Rolle. Innermathematisches Veranschaulichen erfolgt mit dem Ziel, Einblick in mathematische Zusammenhänge zu geben.

Der Einsatz von Veranschaulichungen im Unterricht und insbesondere ein sinnvoller Umgang mit diesen ist alles andere als trivial. Um Veranschaulichungen im Unterricht gewinnbringend einsetzen zu können, ist neben einem vertieften Verständnis der Schulmathematik ein hohes Maß an speziellem Wissen über Veranschaulichungen erforderlich. Hierzu gehört unter anderem:

▸ Wissen darüber, dass und welche unterschiedliche(n) Veranschaulichungsmöglichkeiten zu ein und demselben mathematischen Inhalt existieren

Beispiel: Stammbrüche können auf unterschiedliche Art und Weise dargestellt werden (Kreismodell, Rechteckmodell, Zahlenstrahl usw.).
- Wissen über die Unterschiede der Veranschaulichungen, inklusive deren Vor- und Nachteile, um eine gute Auswahl treffen zu können
Beispiel: Werden Stammbrüche am Kreismodell dargestellt, dann ist zu beachten, dass bestimmte Brüche wie beispielsweise $\frac{1}{3}$ oder $\frac{1}{7}$ nur mit höherem Aufwand veranschaulicht werden können, während die Darstellung mithilfe des Rechteckmodells oder des Zahlenstrahls wesentlich einfacher ist.
- Wissen darüber, welches Diskussionspotenzial die Veranschaulichung bietet
Beispiel: Am Zahlenstrahl können Zahlen sowohl als Kardinalzahlen als auch als Ordinalzahlen diskutiert werden.
- Wissen über die Struktur der Veranschaulichung
Beispiel: Ein wesentliches Strukturmerkmal von Mehrsystemblöcken ist unter anderem, dass zehn Einheiten der kleineren Einheit zu einer neuen, größeren Einheit gebündelt werden.
- Wissen darüber, dass und wie Veranschaulichungen verändert, umstrukturiert oder weiterentwickelt werden können
Beispiel: Die Winkelscheibe kann durch Abändern der Skala auch zur Bruchscheibe oder zur Prozentscheibe weiterentwickelt werden.
- Wissen darüber, wie Veranschaulichungen verbal begleitet werden können
Beispiel: Es ist wichtig, darauf zu achten, dass die Sprache analog zum Veranschaulichungsprozess verwendet wird.
- Wissen darüber, dass Veranschaulichungen unterschiedlich wahrgenommen und interpretiert werden können
Beispiel: Abbildung 15 kann entweder als Veranschaulichung für die Brüche $\frac{4}{16}$, $\frac{2}{8}$ oder $\frac{1}{4}$ oder auch als Veranschaulichung für eine Verhältnissituation (4:12) gedeutet werden.
- Wissen darüber, wie Veranschaulichungen passend zu Verständnisschwierigkeiten ausgewählt, gegebenenfalls entwickelt und eingesetzt werden können
Beispiel: Ein Würfel in der in Abbildung 16 dargestellten Form hilft einem Schüler, der nicht weiß, wie viele Kanten ein Würfel hat, nicht weiter, da die Kanten nicht alle sichtbar sind. In diesem Fall wäre der Einsatz eines Kantenmodells wesentlich sinnvoller.

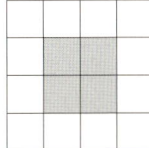

Abb. 15: Interpretation von Veranschaulichungen   Abb. 16: Verständnisschwierigkeiten und Veranschaulichungen

- Wissen darüber, wie Schüler mit Veranschaulichungen umgehen und welche Schwierigkeiten sie mit den Veranschaulichungen haben
  Beispiel: Schülern fällt es beim Legen von Brüchen mit Bruchplättchen schwer, den Bezug zum Ganzen herzustellen, da dieses beim Legen nicht immer sichtbar ist.
- Wissen darüber, dass durch den Einsatz von Veranschaulichungen bei Schülerinnen und Schülern (unterschiedliche) interne Verarbeitungsprozesse angeregt werden (können)

Abb. 17: Affe und Wärter (Voigt 1993, S. 149)

  Beispiel: Abbildung 17 kann zu unterschiedlichen Fragestellungen führen: Wie viele Bananen haben Wärter und Affe zusammen? Wie viele Bananen hat der Affe, wenn der Wärter ihm eine von seinen abgibt?
- Wissen darüber, wie Schüler angeregt werden können, selbst (gut) zu veranschaulichen
  Beispiel: Arbeitsaufträge wie das Verbessern vorgegebener Veranschaulichungen führen dazu, dass sich Schülerinnen und Schüler intensiv mit der Qualität von Veranschaulichungen auseinandersetzen.

Bedenkt man, dass das Wissen über Veranschaulichungen zu einem mathematischen Inhalt nur bedingt auf andere mathematische Inhaltsgebiete übertragen werden kann, so wird schnell deutlich, wie komplex diese Thematik ist. Es bedarf viel Zeit und Ausdauer, sich in die Veranschaulichungen der jeweiligen Inhalte der Schulmathematik einzuarbeiten.

2.3 Methodische Überlegungen zum Erklären

Es gibt unterschiedliche methodische Möglichkeiten, wie im Mathematikunterricht erklärt werden kann: induktiv, deduktiv oder mithilfe von Analogien. Auch die Kombination verschiedener Möglichkeiten ist denkbar. Das induktive und das deduktive Erklären sind unumstritten. Das Erklären über Analogien setzt voraus, dass all diejenigen, denen die Erklärung gilt, mit der Analogie vertraut sind.

Nachstehend werden wesentliche Grundsätze des induktiven und des deduktiven Erklärens sowie des Erklärens durch Rückgriff auf Analogien an folgender Aufgabenstellung beispielhaft erläutert:

2 Wie wird im Mathematikunterricht erklärt?

 Zeige, dass, wenn man drei ungerade Zahlen addiert, das Ergebnis wieder ungerade ist.

Erklären mit induktiver Vorgehensweise
Beim induktiven Vorgehen geht man zunächst von einem konkreten Fall aus, von dem man dann auf alle Fälle schließt. Idealerweise geschieht dies erst dann, wenn in einem Zwischenschritt mehrere Fälle betrachtet und analysiert worden sind. Die folgende Erklärung (Abb. 18) ist induktiv:

```
11 + 3 + 9   = 23
17 + 25 + 7  = 49
...
Ich habe zuerst einfach irgendwelche Additionsauf-
gaben aufgeschrieben, bei denen jeder der drei
Summanden ungerade ist, und als Ergebnis kam
tatsächlich eine ungerade Zahl heraus.
Jetzt fang ich einmal vorne an und mach es der
Reihe nach:
1 + 3 + 5 = 9
3 + 5 + 7 = 15
5 + 7 + 9 = 21
7 + 9 + 11 = 27
9 + 11 + 13 = 20
...
Es stimmt immer noch: Es kommen tatsächlich
lauter ungerade Zahlen heraus.
Ich versuche es einmal mit größeren Zahlen:
11 + 13 + 15 = 39      111 + 113 + 115 = 339
13 + 15 + 17 = 45      113 + 115 + 117 = 345
15 + 17 + 19 = 51      115 + 117 + 119 = 351
17 + 19 + 21 = 57      117 + 119 + 121 = 357
19 + 21 + 23 = 63      119 + 121 + 123 = 363
...                    ...
Das klappt auch!
```

Abb. 18: Induktive Erklärung – symbolisch

Bei dieser Vorgehensweise besteht die Entdeckung darin, dass bei der Aufgabenstellung lediglich den Einern die entscheidende Rolle zukommt. Zehner, Hunderter, Tausender sind hier irrelevant.

Je nach Lernstand der Kinder können nach dem gleichen Prinzip natürlich auch negative Zahlen betrachtet werden.

Ein weiteres Beispiel für eine induktive Erklärung – dieses Mal in ikonischer Form – ist die folgende (Abb. 19):

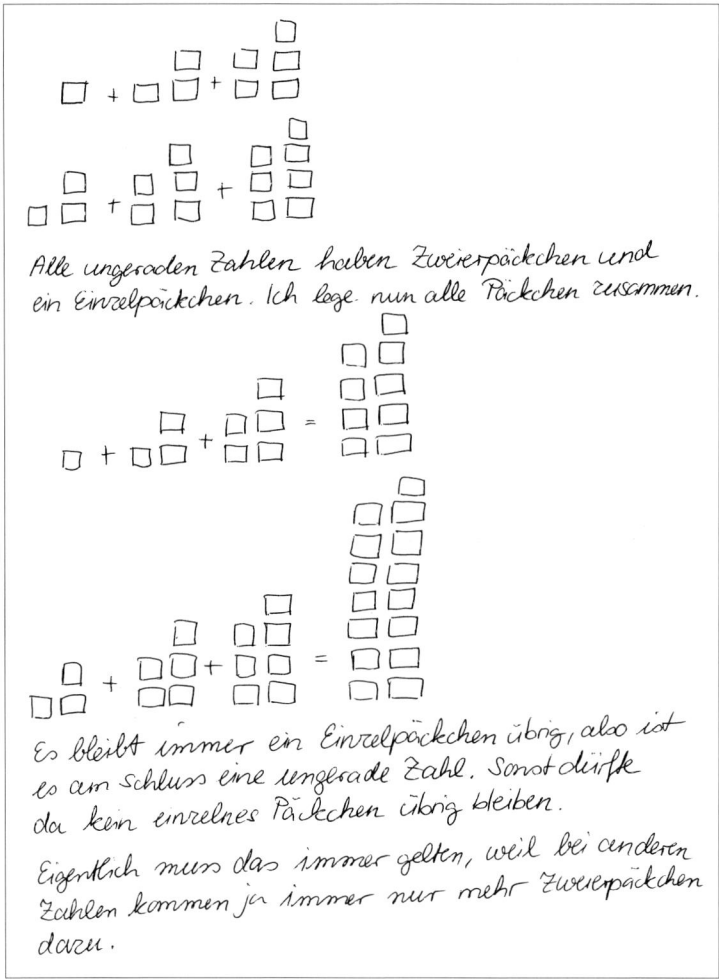

Abb. 19: Induktive Erklärung – ikonisch

Erklären mit deduktiver Vorgehensweise
Beim deduktiven Vorgehen wird vom allgemeinen Fall ausgegangen. Dieser wird in der Regel symbolisch dargestellt (Abb. 20):

> Eine ungerade Zahl kann dargestellt werden durch
> $2 \cdot a - 1$, wobei a eine ganze Zahl ist.
> Daher ergibt sich:
> $(2 \cdot a - 1) + (2 \cdot b - 1) + (2 \cdot c - 1) = 2 \cdot (a + b + c - 1)$ mit
> a, b, c Element Z.
> Die Klammern im linken Term sind jeweils Ausdruck für eine beliebige ungerade Zahl. Durch Umformen des Terms ergibt sich $2 \cdot (a + b + c - 1) - 1$.
> Dadurch, dass vor der Klammer der Faktor 2 steht kann man erkennen, dass es sich beim Subtrahenden um eine gerade Zahl handelt. Von ihm wird eins subtrahiert. Somit erhält man eine ungerade Zahl.

Abb. 20: Deduktive Erklärung

Erklären durch Rückgriff auf Analogien

Erklärungen, in denen auf Analogien zurückgegriffen wird, zeichnen sich dadurch aus, dass das Neue mit etwas Vertrautem in Verbindung gebracht wird. Folglich spielt das Vorwissen eine tragende Rolle. Wurde beispielsweise im Vorfeld der Beispielaufgabe (S. 53) bereits die Aufgabenstellung thematisiert, warum die Summe zweier ungerader Zahlen stets eine gerade Zahl ist (vgl. hierzu Lernangebot 8, Nr. 4, S. 101 ff.), dann kann auf diese Erfahrungen und Erklärungen zurückgegriffen werden.

Die verschiedenen Methoden des Erklärens unterscheiden sich sehr häufig in ihrem Abstraktionsgrad. Für viele Schülerinnen und Schüler sind induktive Methoden weniger abstrakt als deduktive. Dementsprechend werden sie – wie empirische Untersuchungen zeigen (vgl. Kapitel I.1.6) – von Schülerinnen und Schülern ebenso bevorzugt wie Analogie-Erklärungen.

Kapitel III: Erklären lernen

Einer der Hauptgründe für schlechtes Verstehen liegt darin, dass die Leute sich selbst nicht darüber im Klaren sind, was sie überhaupt sagen wollen.

(Cyril N. Parkinson (1909–1993), brit. Historiker u. Publizist)

In diesem Kapitel werden basierend auf den theoretischen Ausführungen der Kapitel I und II fünfzehn Lernangebote zum Erklärenlernen vorgestellt. Dies geschieht hauptsächlich durch Analyse, Diskussion und Reflexion sowohl von Lehrer- als auch von Schülererklärungen. In der Auseinandersetzung mit möglichen Lehrererklärungen wird die Perspektive des Erklärenden eingenommen, wobei die Kriterien guten Erklärens (Kapitel I.3) als Grundlage dienen. Schülererklärungen helfen dem Leser, den Blick dafür zu schärfen, welche Schülerbeiträge im Unterrichtsalltag entstehen können. Darüber hinaus können Überlegungen über den möglichen Umgang mit Schülererklärungen angestellt werden.

Für jedes Lernangebot wird zunächst in Form einer Einleitung dargelegt, worum es in dem speziellen Fall geht; eine beispielhafte Ausführung verdeutlicht dies. Es schließen sich Erläuterungen zum Lernpotenzial des Lernangebots sowie konkrete Übungen an.

1 Kritzelbilder zum Erklären

Unter Kritzelbildern können Bilder verstanden werden, die relativ spontan zu unterschiedlichen Themen entstehen, ohne dass der Urheber sich Gedanken über die konkrete künstlerische Gestaltung macht oder machen muss. Jede bildliche Darstellung, von der schemenhaften Skizze bis hin zur künstlerisch ausgereiften Detailzeichnung, ist erlaubt.

Beispiel

Zum Thema *Erklären im Mathematikunterricht* ist das Kritzelbild in Abbildung 21 entstanden. Es gibt eine Unterrichtssituation wieder, die oft mit dem Mathematikunterricht assoziiert wird: Der Lehrer steht an der Tafel und erklärt. Die Schüler sitzen wohlgeordnet hintereinander mit dem Blick zur Tafel gerichtet und haben die Rolle des Zuhörers inne.

1 Kritzelbilder zum Erklären

Abb. 21: Kritzelbild zum Erklären im Mathematikunterricht

Lernpotenzial

Kritzelbilder dienen im Sinne von *rich pictures*[1] dazu, eigene Erfahrungen und Vorstellungen zum Ausdruck zu bringen. Während des Anfertigens von Kritzelbildern ist jeder Einzelne gezwungen, sich mit der Thematik und seiner eigenen Haltung dazu auseinanderzusetzen. Für das Erklären bedeutet dies, dass man sich beispielsweise bewusst macht, wann im Unterricht erklärt wird, was erklärt wird oder wer erklärt. Die Gedanken zum Erklären müssen vor und während des Zeichnens so sehr präzisiert werden, dass eine Umsetzung im Bild möglich ist.

Das Anfertigen von Kritzelbildern zum Erklären dient neben der Fokussierung der eigenen Gedanken aber auch dem Kennenlernen von Haltungen und Gedanken anderer. Durch die Gegenüberstellung unterschiedlicher Kritzelbilder kann das Spektrum ebenjener unterschiedlicher Einstellungen, Haltungen und Vorstellungen verdeutlicht werden. Dies ist ein guter Anlass, um miteinander über die Thematik *Erklären* zu diskutieren.

Lernangebot

Nr. 1
Malen, zeichnen oder kritzeln Sie Ihr eigenes Bild zum Thema *Erklären im Mathematikunterricht*.

Nr. 2
Legen Sie Ihr Kritzelbild neben die Bilder Ihrer Lernpartner. Welche Assoziationen haben Sie beim Betrachten der verschiedenen Bilder? Interpretieren und diskutieren Sie Gemeinsamkeiten und Unterschiede.

Nr. 3
Diskutieren Sie anhand der nachfolgenden Abbildung 22 die hinter den Kritzelbildern verborgene Unterrichtsauffassung:

---

[1] Rich Pictures sind eine Möglichkeit, eigene Erfahrungen und Vorstellungen zu gegebenen Situationen oder Problemen in skizzenhaften Bildern auszudrücken. Rich pictures schaffen ein Forum, in welchem über diese Situationen bzw. Probleme nachgedacht und diskutiert werden kann. Für weitere Informationen wird auf Checkland (1981) verwiesen.

Kapitel III: Erklären lernen

Abb. 22: Kritzelbilder zum Mathematikunterricht

Nr. 4
Malen, zeichnen oder kritzeln Sie zum Thema *Was mir beim Erklären hilft*.

2 Über Erklären diskutieren

Nimmt man sich die Zeit, über das Erklären im Mathematikunterricht nachzudenken, dann wird man sich bewusst, wie viele Aspekte dieses Thema umfasst. Ein Austausch mit anderen vertieft dieses Bewusstsein und zwingt dazu, seine eigenen Vorstellungen zu überdenken und sich anderen Ansichten zu öffnen.

Beispiel

Ein Aspekt ist die Frage nach dem Ziel von Erklärungen. Oder anders formuliert: Was ist das Ergebnis guter Erklärungen? Bei dem Versuch, Antworten auf diese Frage zu finden, zeigen sich unterschiedliche Ansichten (Abb. 23):

2 Über Erklären diskutieren

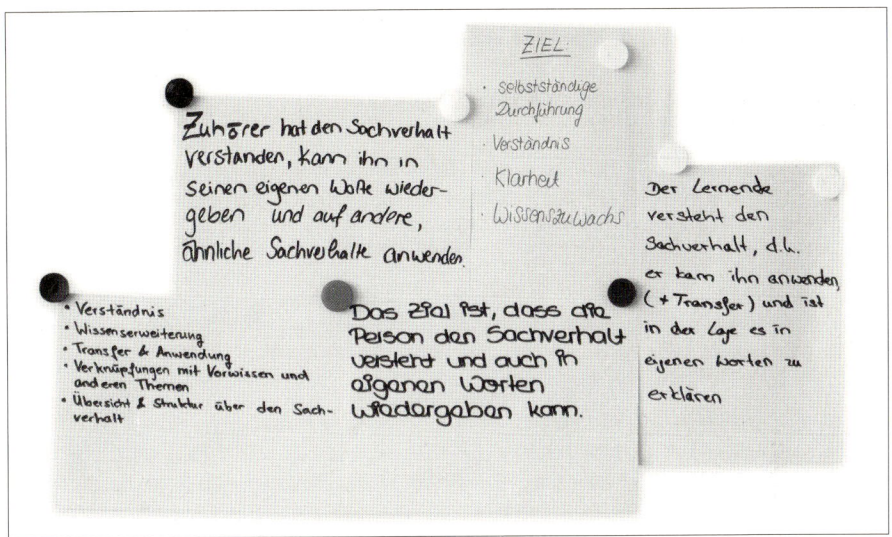

Abb. 23: Ziele von Erklärungen

Während für den einen das Ziel von Erklärungen ist, Dinge in eigenen Worten wiedergeben zu können, sehen andere das Ziel darin, Verständnis zu generieren oder die Fähigkeit zum Transfer zu erreichen.

Weiter intensiviert werden kann der Austausch über das Erklären durch neue, ergänzende Fragestellung wie beispielsweise: Was ist *gutes* Erklären?.

Lernpotenzial

Das Erweitern des eigenen Wissens und der eigenen Vorstellungen bezüglich des Erklärens kann dazu führen, dass man sich fragt, welche Konsequenzen dies für den eigenen Mathematikunterricht hat. So kommt beispielsweise der Gedanke auf, dass Schüler nach einer Erklärung in der Lage sein sollten, eine Handlung selbstständig auszuführen (z. B. Durchführen eines Algorithmus oder einer Konstruktion). Doch ist dies tatsächlich das alleinige Ziel? Sollten Schüler nicht vielmehr auch in der Lage sein, über die konkrete Situation hinaus die Handlung auch in ähnlichen oder übertragbaren Situationen anwenden zu können (Transfer)? Diese Gedanken führen oft unmittelbar zu weiteren Fragen: Wie lässt sich eine solche vertiefte Zielsetzung des Erklärens im Unterricht umsetzen und erreichen? Was heißt das nun für den Unterricht? Welche methodischen und didaktischen Möglichkeiten stehen zur Verfügung, um dies gezielt zu fördern?

Lernangebot

Nehmen Sie sich Zeit, über das Erklären nachzudenken, allein oder gemeinsam mit anderen. Um mögliche Ausgangspunkte zum Gedankenaustausch zu haben, sind nachstehend einige Impulse aufgelistet, die als Einstieg in das Thema dienen können:

Kapitel III: Erklären lernen

Wo und wann haben Sie das Erklären gelernt? Können Sie sich noch an konkrete Situationen erinnern?	In welchen Situationen erklären Sie im Unterricht besonders viel?
Gibt es einen bestimmten Ablauf oder bestimmte Elemente, die Ihres Erachtens immer wieder in Erklärungen vorkommen?	Zeichnen oder kritzeln Sie eine Situation des Mathematikunterrichts, die Sie mit *Erklären* verbinden.
Was haben Sie in Ihrer letzten Mathematikstunde *allen* Schülerinnen und Schülern erklärt?	Was haben Sie in Ihrer letzten Mathematikstunde *einem* Schüler bzw. *einer* Schülerin erklärt?
Manchmal werden Erklärungen durch Veranschaulichungen unterstützt. Überlegen Sie sich zwei Inhaltsbereiche, bei denen Sie auf Veranschaulichungen zurückgreifen würden, und zeigen Sie auf, wie veranschaulicht wird.	Oft wird behauptet, dass im Mathematikunterricht der Hauptschule mehr erklärt wird, *wie* etwas geht, aber eher selten, *warum* etwas so ist. Wie stehen Sie zu dieser Aussage?

2 Über Erklären diskutieren

Zuweilen wird gefordert, dass die Schüler im Unterricht aktiver sein sollten und der Lehrer sich mehr zurücknehmen sollte. Können Sie sich vorstellen, wie und wo man Lehrer-Erklärungen im Unterricht reduzieren kann?

Haben Sie manchmal das Gefühl, mit Ihren Erklärungen nicht bei den Schülern anzukommen?
Können Sie ein konkretes Beispiel schildern?

Es heißt immer, dass ein Lehrer *gut* erklären soll. Was ist für Sie *gutes* Erklären?

Gibt es mathematische Inhalte, die besonders schwierig zu erklären sind? Beschreiben Sie diese.

Bei welchen Begebenheiten und Gelegenheiten erklären Sie Ihren Schülerinnen und Schülern, *warum* etwas so ist, wie es ist?

Gibt es wichtige Aspekte in Bezug auf Erklärprozesse, die Sie sich in Ihrer Unterrichtsvorbereitung bewusst überlegen? Welche?

Nehmen Sie zu folgendem Zitat Stellung:
Einer der Hauptgründe für schlechtes Verstehen liegt darin begründet, dass die Leute sich selbst nicht darüber im Klaren sind, was sie überhaupt sagen wollen.

C. N. Parkinson (1909-1993),
brit. Historiker und Publizist

Nehmen Sie zu folgendem Zitat Stellung:
Ich hätte viele Dinge begriffen, hätte man sie mir nicht erklärt.

Stanislaw Jerzy Lec (1909-1966),
poln. Schriftsteller

Kapitel III: Erklären lernen

Unterricht, der von Lehrererklärungen geprägt ist, verschenkt Chancen: Schülern wird die Möglichkeit genommen, selbstständig Sachverhalte zu durchdringen, Beziehungen zu entdecken und Zusammenhänge zu erkennen.
Was meinen Sie zu dieser Aussage?

Erklären ist eine Fähigkeit, die für Lehrerinnen und Lehrer sehr wichtig ist. Überlegen Sie sich einen mathematischen Sachverhalt, bei dem Sie Schwierigkeiten hätten, ihn für Kinder *anschaulich* darzustellen. Begründen Sie, worin die Schwierigkeiten liegen.

Wie erklärt jemand, wenn er *schlecht* erklärt?

Haben Sie in Bezug auf Ihre Erklärfähigkeit seit Beginn Ihrer beruflichen Laufbahn eine Entwicklung feststellen können? Wie äußert sich diese?

Studenten und Berufsanfänger haben teilweise Schwierigkeiten zu erklären. Welche Anregungen würden Sie neuen, noch unerfahrenen Kollegen hinsichtlich Erklärungen im Unterricht geben?

Nehmen Sie zu folgender Aussage Stellung:
Wenn Schülerinnen und Schüler erklären, dann wird alles noch komplizierter und sie treffen nicht den mathematischen Kern.

Blättern Sie in unterschiedlichen Schulbüchern. Finden Sie Erklärungen, die Sie als gelungen erachten? Worin sehen Sie die Gründe?

Überlegen Sie sich und diskutieren Sie methodische Möglichkeiten, mit denen Sie Ihre Schülerinnen und Schüler zum Erklären bringen.

3 Erklärungen ausrichten an Wissens- oder Verständnislücken

Möchten Schüler im Unterricht eine Sache noch einmal erklärt bekommen, so fragen sie oft relativ allgemein nach und bitten um Hilfe. Eine Erklärung kann jedoch nur dann für den Lernenden hilfreich sein, wenn sie an den bestehenden Wissenslücken ausgerichtet ist. Solange der konkrete Kern des Verständnisproblems nicht identifiziert ist, kann folglich auch nicht zielführend erklärt werden. Bevor die eigentliche Erklärung abgegeben werden kann, muss also zunächst ein Aushandlungsprozess erfolgen, bei dem es zunächst lediglich darum geht, die konkrete Wissens- oder Verständnislücke aufzudecken. Hierzu muss sich der Lehrer über die verschiedenen Verstehenselemente der Thematik bewusst sein, um durch eine geeignete Frage- bzw. Impulstechnik die entsprechenden Wissens- oder Verständnislücken aufdecken zu können.

Beispiel 1

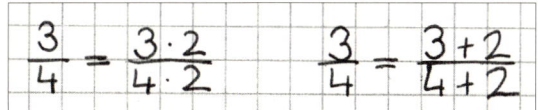

Abb. 24: Verständnislücke

Betrachten wir dieses Dokument (Abb. 24) eines Schülers aus der 6. Klasse, so fällt auf, dass der Schüler davon ausgeht, dass sich am Wert des Bruchs nichts ändert, wenn Zähler und Nenner mit der gleichen Zahl multipliziert werden oder wenn zum Zähler und zum Nenner die gleiche Zahl addiert wird. Nachstehende Versuche, das Verständnisproblem des Schülers zu formulieren, machen deutlich, in welch unterschiedliche Richtungen potenzielle Erklärungen gehen können, wenn das Verständnisdefizit nicht durch einen Aushandlungsprozess genauer erfasst werden kann.

Die Schülerin denkt, dass man Brüche genau wie beim Erweitern bei der Multiplikation, die Brüche addiert.
Sie wollte wahrscheinlich rechnen: $\frac{3}{4}+2$ und hat nicht auf den gleichen Hauptnenner gebracht.
$\frac{3+2}{4+2}$ würde ergeben: $\frac{5}{6}$
richtige Rechnung aber
$\frac{3}{4}+2=\frac{3}{4}+\frac{8}{4}=\frac{11}{4}$
→ der Zähler wird addiert, Nenner bleibt gleich

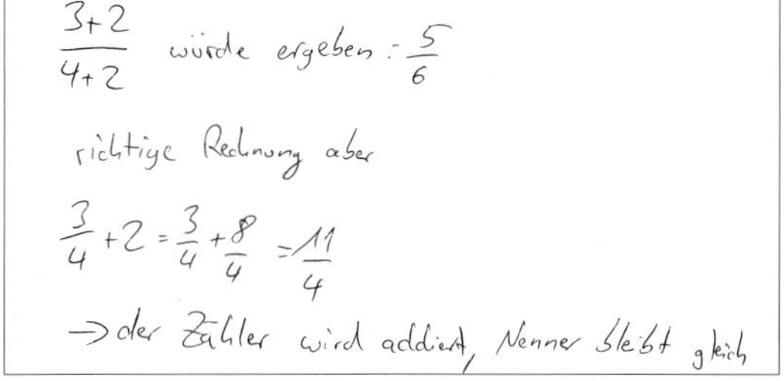

Abb. 25: Erklärung 1 zur Verständnislücke

Kapitel III: Erklären lernen

Im Erklärversuch in Abb. 25 wird davon ausgegangen, dass der Schüler Brüche nicht korrekt addieren kann. Dass möglicherweise auch eine Fehlvorstellung beim Erweitern von Brüchen vorliegt, wird nicht in Erwägung gezogen. Dementsprechend wird die Erklärung lediglich auf die Addition von Brüchen ausgerichtet und bezieht sich somit auf den zweiten Teil ($\frac{3}{4} = \frac{3+2}{4+2}$) der Schülerauffassung. Der erste Teil ($\frac{3}{4} = \frac{3 \cdot 2}{4 \cdot 2}$) wird nicht berücksichtigt. Zudem findet die Erklärung ausschließlich auf der symbolischen Ebene statt. Eine anschaulichere Erklärvariante auf der ikonischen oder handelnden Ebene wird nicht angeboten.

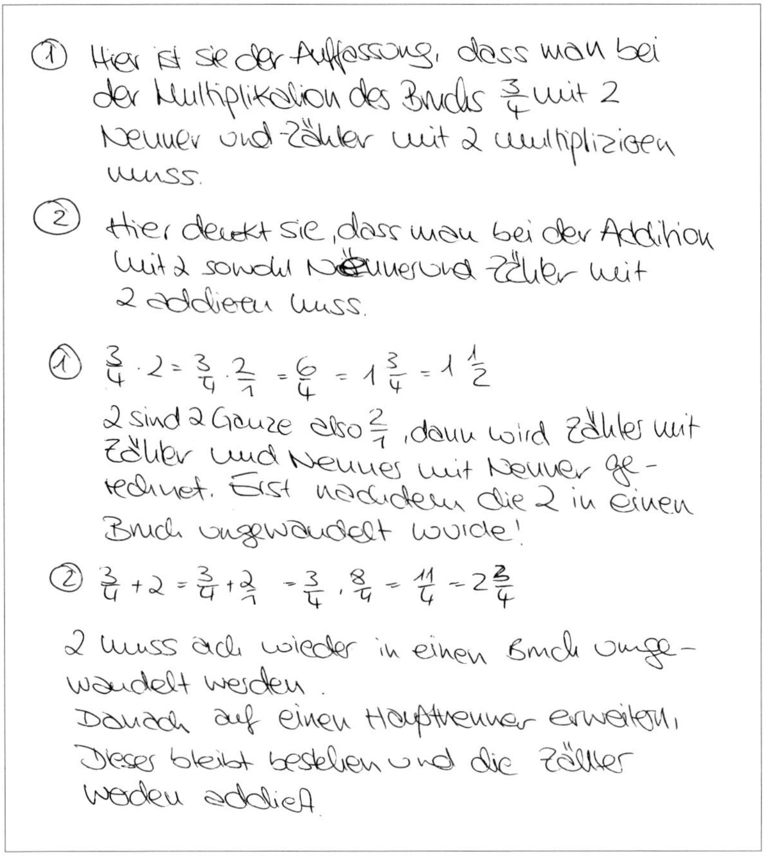

> ① Hier ist sie der Auffassung, dass man bei der Multiplikation des Bruchs $\frac{3}{4}$ mit 2 Nenner und Zähler mit 2 multiplizieren muss.
>
> ② Hier denkt sie, dass man bei der Addition mit 2 sowohl Nenner und Zähler mit 2 addieren muss.
>
> ① $\frac{3}{4} \cdot 2 = \frac{3}{4} \cdot \frac{2}{1} = \frac{6}{4} = 1\frac{3}{4} = 1\frac{1}{2}$
>
> 2 sind 2 Ganze also $\frac{2}{1}$, dann wird Zähler mit Zähler und Nenner mit Nenner gerechnet. Erst nachdem die 2 in einen Bruch umgewandelt wurde!
>
> ② $\frac{3}{4} + 2 = \frac{3}{4} + \frac{2}{1} = \frac{3}{4} \cdot \frac{8}{4} = \frac{11}{4} = 2\frac{3}{4}$
>
> 2 muss sich wieder in einen Bruch umgewandelt werden.
> Danach auf einen Hauptnenner erweitern. Dieser bleibt bestehen und die Zähler werden addiert.

Abb. 26: Erklärung 2 zur Verständnislücke

Im Unterschied zum vorausgehenden Erklärversuch wird in der Erklärung in Abbildung 26 ein Bewusstsein dafür deutlich, dass sich das Denken des Schülers auf zwei Aspekte beziehen könnte. Dementsprechend ist die Erklärung in zwei Teile unterteilt. Der erste Teil der Schülerausführung wird hier so interpretiert, als würde die Multiplikation eines Bruches mit einer natürlichen Zahl nicht regelkonform durchgeführt. Analog dazu wird der zweite Teil als nicht regelkonforme Ausführung der Addition eines Bruches mit einer natürlichen Zahl betrachtet. Wie bei der ersten Erklärvariante wird lediglich auf eine symbolische Darstellung zurückgegriffen, andere Repräsentationsformen fehlen.

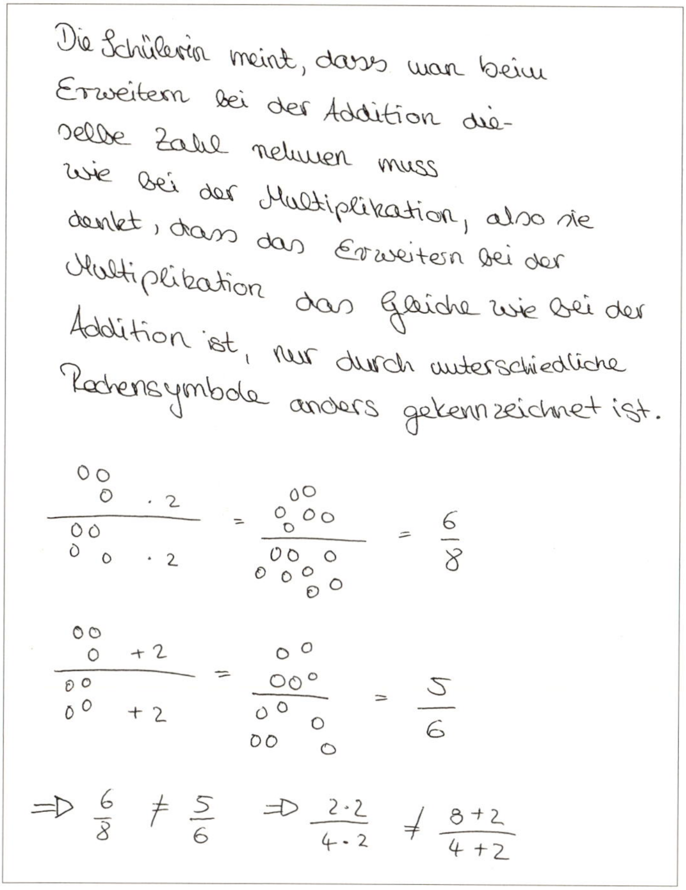

> Die Schülerin meint, dass man beim Erweitern bei der Addition dieselbe Zahl nehmen muss wie bei der Multiplikation, also sie denkt, dass das Erweitern bei der Multiplikation das Gleiche wie bei der Addition ist, nur durch unterschiedliche Rechensymbole anders gekennzeichnet ist.

$$\frac{\substack{\circ\circ\\\circ}\cdot 2}{\substack{\circ\circ\\\circ\circ}\cdot 2} = \frac{\substack{\circ\circ\\\circ\circ\circ}}{\substack{\circ\circ\circ\\\circ\circ\circ\circ}} = \frac{6}{8}$$

$$\frac{\substack{\circ\circ\\\circ}+ 2}{\substack{\circ\circ\\\circ\circ}+ 2} = \frac{\substack{\circ\circ\\\circ\circ\circ}}{\substack{\circ\circ\\\circ\circ\\\circ}} = \frac{5}{6}$$

$$\Rightarrow \frac{6}{8} \neq \frac{5}{6} \qquad \Rightarrow \frac{2\cdot 2}{4\cdot 2} \neq \frac{8+2}{4+2}$$

Abb. 27: Erklärung 3 zur Verständnislücke

Im Erklärversuch in Abbildung 27 sind beide Teile der Schülerauffassung in die Erklärung einbezogen. Die Ausführungen des Schülers werden so interpretiert, dass für diesen Schüler das Erweitern von Brüchen nicht nur mit der Rechenoperation der Multiplikation (Nenner und Zähler werden mit derselben Zahl multipliziert), sondern vielmehr auch mit der Operation der Addition (Nenner und Zähler werden mit der gleichen Zahl addiert) durchgeführt werden kann.

Kapitel III: Erklären lernen

Auf dieser Erkenntnis wird die Erklärung aufgebaut. Im Gegensatz zu den vorherigen Erklärungen unternimmt der Erklärende hier den Versuch einer Veranschaulichung. Dabei werden jedoch lediglich die einzelnen Ziffern durch kleine Kringel ersetzt. Möglicherweise soll dies dazu dienen, den Kardinalzahlaspekt sichtbar zu machen, um dem Schüler das Nachzählen zu ermöglichen. Die Bedeutung des Bruches an sich wird dadurch aber ebenso wenig deutlich wie das Themenfeld des Erweiterns.

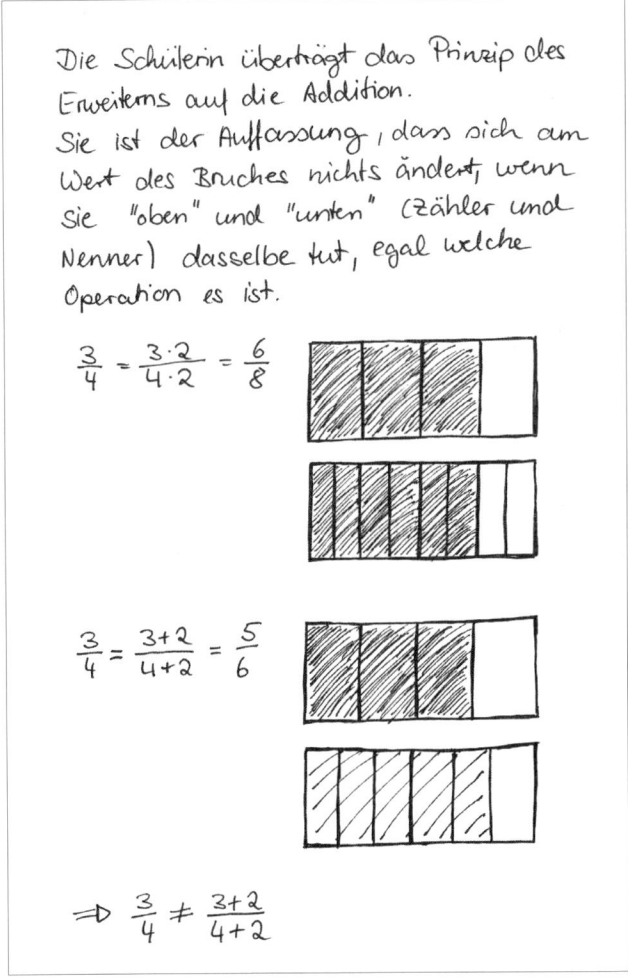

Abb. 28: Erklärung 4 zur Verständnislücke

Der Erklärende, von dem das Dokument in Abbildung 28 stammt, sieht das Kernproblem des Schülers darin, dass das Prinzip des Erweiterns auf die Addition übertragen wird. Der daraus folgende Erklärversuch ist im Gegensatz zu den drei vorausgegangenen sehr ausführlich, übersichtlich und strukturiert. Zunächst wird die Äquivalenz der beiden Brüche $\frac{3}{4}$ und $\frac{6}{8}$ mithilfe des Rechteckmodells veranschaulicht. Wesentlich hierbei ist, dass die Flächen der beiden Rechtecke gleich groß sind. In einem zweiten Teil wird dann dargestellt – und dies wird durch die unterschiedliche Schraffur auch optisch hervorgehoben –, dass sich bei der Addition der 2 im Zähler und Nenner der Wert des Bruches ändert. Die Betrachtung der Fläche verdeutlicht das.

Beispiel 2
Ein Schüler äußert in einer Einzelarbeitsphase während des Unterrichts folgende Bitte an die Lehrperson: *„Könnten Sie mir das mit dem Satz des Pythagoras noch einmal erklären?"*

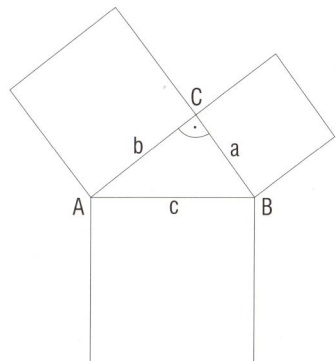

Abb. 29: Satz des Pythagoras

Was genau meint der Schüler mit dieser Frage? Was hat er nicht verstanden? Denkbar sind verschiedene Wissens- oder Verständnislücken, die alle zu der gestellten Frage führen könnten. Sollte man dem Schüler nun erklären,

- dass der Satz des Pythagoras nur in rechtwinkligen Dreiecken Gültigkeit hat?
- dass es zwei unterschiedliche Seitentypen gibt (Kathete, Hypotenuse)?
- dass die zwei unterschiedlichen Seitentypen eine wesentliche Rolle spielen?
- in welchen Sachsituationen der Satz des Pythagoras Anwendung finden kann?
- was der Satz des Pythagoras aussagt?
- dass in rechtwinkligen Dreiecken mit der Hypotenuse c und den Katheten a und b gilt: $a^2 + b^2 = c^2$?
- wie man den Satz des Pythagoras beweisen kann?
- warum man den Satz des Pythagoras braucht?

Denkbar sind noch viele weitere Wissens- oder Verständnislücken, an die mit einer Erklärung angeknüpft werden könnte.

Kapitel III: Erklären lernen

Lernpotenzial

Mathematische Inhalte setzen sich aus verschiedenen Teilelementen zusammen, die ineinandergreifen und miteinander verwoben sind. Erst durch das Verstehen der Teilelemente und deren Beziehungen untereinander ergibt sich ein tief greifendes Verständnis für das Ganze. Umgekehrt kann das Verständnis auch im Nachhinein dadurch gefestigt und erweitert werden, dass man sich die einzelnen Verstehenselemente noch einmal vergegenwärtigt und die Beziehungen herausarbeitet. Dies führt dazu, dass in Situationen, in denen erklärt werden muss, mehr Variabilität bezüglich der Anknüpfungspunkte vorhanden ist. Darüber hinaus entsteht so auch ein Bewusstsein für die Vielfalt und die Unterschiedlichkeit möglicher Wissenslücken. Ein Sich-Hineinversetzen und Sich-Hineindenken in den fragenden Schüler fällt leichter, wenn mögliche Verständnisschwierigkeiten bereits im Vorfeld herausgearbeitet worden sind und dann in der konkreten Situation erahnt werden können.

Lernangebot

Nr. 1

Im Unterricht wird folgendes lineare Gleichungssystem gelöst:

$$\left. \begin{array}{l} 2x + 2y = 24 \\ 2 \cdot 0{,}5x + 2 \cdot (y + 3) = 23 \end{array} \right\rangle$$

Während des Lösungsprozesses ergibt sich das folgende Tafelbild:

$$\left. \begin{array}{l} 2x + 2y = 24 \\ 2 \cdot 0{,}5x + 2 \cdot (y + 3) = 23 \\ 2x + 2y - 24 = 0 \\ x + 2y - 17 = 0 \end{array} \right\rangle$$

Versuchen Sie Elemente zu identifizieren, die Verständnisschwierigkeiten bei Schülern auslösen können. Überlegen Sie sich anschließend eine gut strukturierte Erklärung.

Nr. 2

Überlegen Sie sich zu nachfolgenden Sachaufgaben, was unter Umständen erklärt werden muss. Welche Verstehenselemente sind zentral, um die Aufgaben lösen zu können?

1) Der Umfang eines Rechtecks beträgt 24 cm. Wird die längere Seite halbiert und die kürzere Seite um 3 cm verlängert, so beträgt der Umfang des so entstehenden Rechtecks 23 cm.
2) Ein von allen Nationalspielern signiertes Fantrikot der Fußballnationalmannschaft kostet 250 Euro. Das sind 25 % mehr als ein Trikot ohne Unterschriften. Wie viel kostet ein solches?

Nr. 3
Überlegen Sie sich, welche Verstehenselemente bei der Einführung der Schlüsselprozentsätze (10 %, 20 %, 25 %, 50 %, 75 %) häufig als Fundament dienen und wo gegebenenfalls mit Schwierigkeiten zu rechnen ist.

4 Erklärungen strukturieren

Dass Erklärungen strukturiert sein sollten, versteht sich von selbst. Teilerklärungen bzw. Teilelemente innerhalb einer Erklärung sollten demnach in eine logische Reihenfolge gebracht und Schritt für Schritt nacheinander abgegeben werden. Ein einfaches Alltagsbeispiel – das Zähneputzen – soll dies verdeutlichen.

Täglich putzen wir uns unsere Zähne und führen diese Tätigkeit aus, ohne uns die einzelnen Schritte zu überlegen. Tatsächlich besteht diese Aufgabe jedoch aus einer ganzen Reihe von Tätigkeiten und Entscheidungen. Die Aneinanderreihung dieser einzelnen Tätigkeiten kann man sich bewusst machen, indem man versucht, einem Gegenüber den Prozess des Zähneputzens einmal zu erklären, oder indem man einmal eine Art Ablauf- oder Flussdiagramm[1] erstellt. Das Zähneputzen gliedert sich in folgende Tätigkeiten:

- Zahnbürste in die Hand nehmen
- Wasserhahn öffnen
- Zahnbürste unter den Wasserhahn halten
- Wasserhahn schließen
- Zahnpastatube in die Hand nehmen
- Zahnpastatube öffnen
- Zahnpasta auf die Zahnbürste streichen
- Zahnpastatube schließen und wegstellen
- Zähne putzen
- Ausspucken

---

[1] Flussdiagramme bestehen aus unterschiedlich geformten Elementen, die mit Pfeilen verbunden sind. Die Pfeilrichtungen geben die Verarbeitungsreihenfolge vor. Jedes Element beschreibt einen einfachen Verarbeitungsschritt. Für weitere Informationen wird auf Brüning, Saum (2007, S. 53f.) verwiesen.

Kapitel III: Erklären lernen

- Wasser aufnehmen
- erneut ausspucken
- Zahnbürste reinigen.

Diese einzelnen Tätigkeiten laufen in der Regel sukzessive ab. In einem Ablaufdiagramm kann dies durch Pfeilsetzung dargestellt werden.

Zahnbürste in die Hand nehmen
↓
Wasserhahn aufmachen
↓
Zahnbürste unter den Wasserhahn halten
↓
Wasserhahn zumachen ...

Komplizierter und komplexer ist ein Erklärgegenstand dann, wenn die Reihenfolge der Teilelemente einer Erklärung nicht ganz so eindeutig ist wie beim Zähneputzen, beispielsweise beim Erklären eines Gesellschaftsspiels. Da wiederum muss sich ein Erklärender genauer und detaillierter über die Abfolge bzw. die Reihenfolge der Teilerklärungen Gedanken machen, da die Reihenfolge der abgegebenen Teilerklärungen nicht per se festgelegt ist: Wann wird erklärt, wer von den teilnehmenden Spielern anfangen darf? Zu Beginn einer Erklärung oder am Ende? An welcher Stelle der Erklärung werden Hinweise auf das eigentliche Ziel des Spiels gegeben?

Auch hier kann das Erstellen von Ablauf- bzw. Flussdiagrammen helfen, eine Erklärung gut und übersichtlich zu strukturieren. Das Flussdiagramm in Abbildung 30 (S. 71) zeigt beispielsweise den Ablauf eines Spielzuges beim Spiel *Mensch ärgere dich nicht*.

Das Erstellen von Flussdiagrammen ist auch im Mathematikunterricht denkbar und bietet sich insbesondere beim Lösen von komplexeren Aufgaben wie beispielsweise Modellierungsaufgaben an.

4 Erklärungen strukturieren

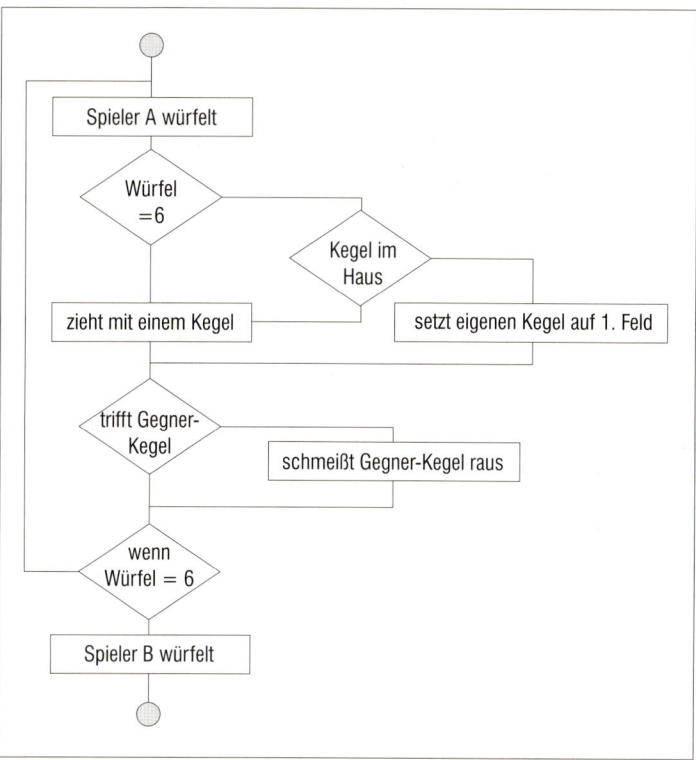

Abb. 30: Flussdiagramm – Mensch ärgere dich nicht

Beispiel

In einer siebten Hauptschulklasse haben Schüler folgende Modellierungsaufgabe bearbeitet (angelehnt an Peter-Koop 2003):

A) Wie viele Autos stehen in einem 10 Kilometer langen Stau?

Nach dem Lösen der Aufgabe in Partner- bzw. Gruppenarbeit haben die Schüler die einzelnen Lösungsschritte in einem Flussdiagramm festgehalten, um ihren Lösungsweg später erklären zu können. Hierbei sollten die Schüler insbesondere versuchen, alle vorgenommenen Überlegungen und Arbeitsschritte zu dokumentieren und dabei keinen der einzelnen Prozessschritte zu vergessen.

Im Folgenden sind Schülerdokumente abgebildet, die in dieser Arbeitsphase des Unterrichts entstanden sind.

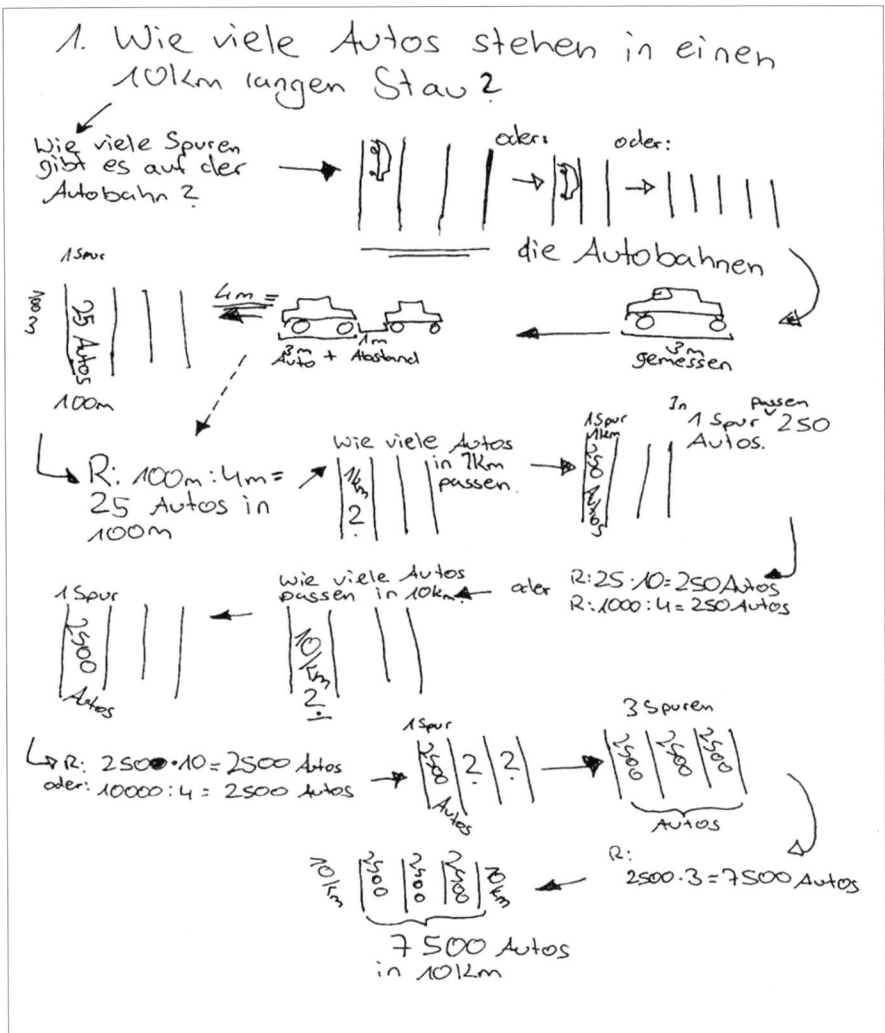

Abb. 31: Flussdiagramm 1 zur Stau-Aufgabe

Bei diesem Versuch eines Flussdiagramms (Abb. 31) ist auf den ersten Blick zu erkennen, dass die einzelnen Prozessteile mit Pfeilen dargestellt sind. Ein Schritt folgt dem nächsten, wie eine logische und sinnvolle Abfolge eines Algorithmus' unter Bezugnahme vorheriger Erkenntnisse. Die einzelnen Teile des Lösungsprozesses sind unterschiedlich dargestellt: sprachlich in Form von Fragen, Kurzsätzen oder Schlagwörtern, zeichnerisch durch kleine Skizzen sowie symbolisch durch kleine, übersichtliche Zwischenrechnungen. Die Teilschritte sind für den Leser ersichtlich und nachvollziehbar.

4 Erklärungen strukturieren

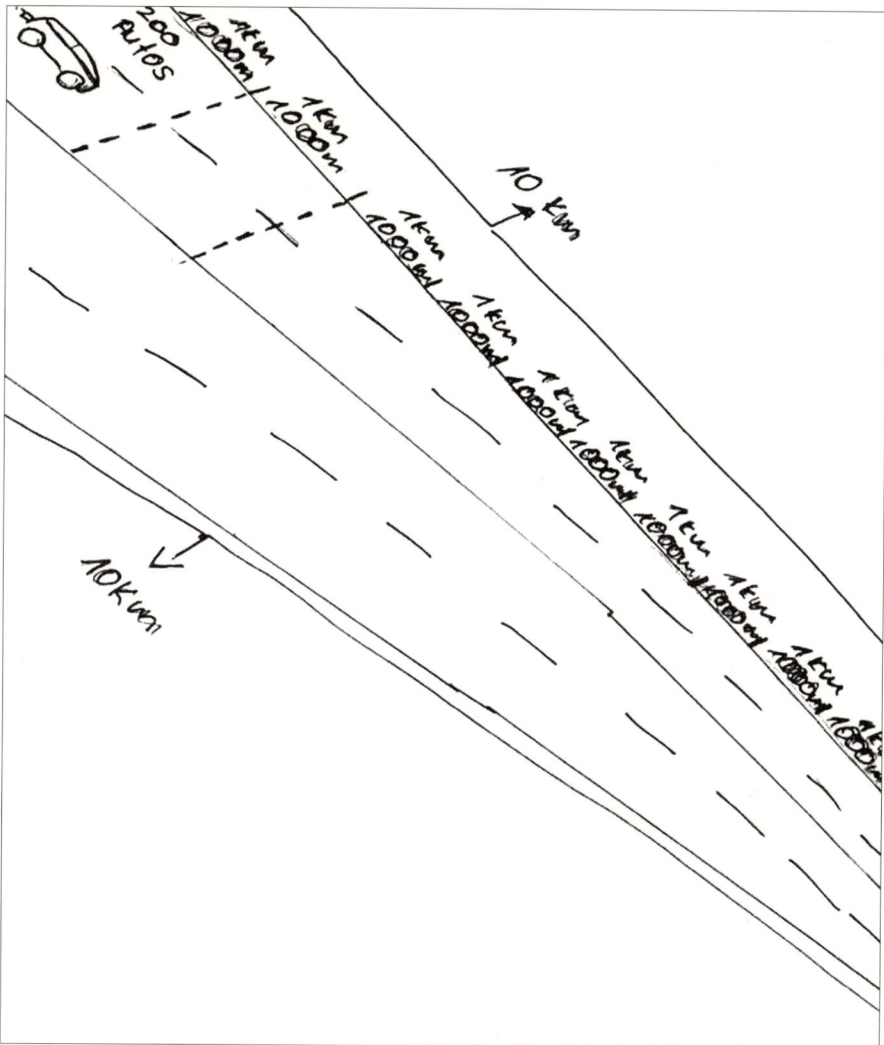

Abb. 32: Flussdiagramm 2 zur Stau-Aufgabe

Dieses Dokument (Abb. 32) zeigt im Vergleich zum ersten lediglich den Versuch einer Schülergruppe, die reale Situation in einem Bild darzustellen. Zu sehen ist zunächst einmal, dass diese Schülergruppe von einer zweispurigen Autobahn ausgeht. Der zehn Kilometer lange Autobahnabschnitt wurde in zehn 1000-m-Teile unterteilt, wobei die Schülergruppe pro 1000-m-Abschnitt von 200 Autos ausgeht, wie am linken oberen Rand der Skizze zu sehen ist. Warum handelt es sich bei diesem Dokument nicht um ein Flussdiagramm? Welche Aspekte fehlen?

Wie oben dargestellt, geht es bei der Erstellung eines Flussdiagramms darum, alle einzelnen Prozessschritte aufzuführen und stichwortartig zu dokumentieren. Der nachfolgende Schritt soll auf dem vorherigen aufbauen und sich daraus ableiten. In der vorliegenden Skizze wird dies nicht berücksichtigt. Darüber hinaus fehlen unter anderem folgende Teilschritte: Welche Annahme wurde bezüglich der Länge eines Autos getroffen? Wurde ein Abstand zwischen den im Stau stehenden Autos mitberücksichtigt? Wie lässt sich das Ergebnis begründen?

Lernpotenzial
Beim Erklären möchte der Erklärende Verständnis bei seinem Gegenüber erreichen. Daher ist er natürlich bemüht, seine Erklärung so gut wie möglich abzugeben. In Kapitel I.3 wurden Kriterien beschrieben, die nach wissenschaftlichen Erkenntnissen grundlegend für eine gute Erklärung sind. Ein wesentliches Kriterium für eine gute Erklärung ist demnach die Struktur einer abgegebenen Erklärung.

Um gut strukturierte Erklärungen abgeben zu können, müssen zunächst die Teilelemente eines Erklärgegenstandes identifiziert und in eine sinnvolle Reihenfolge gebracht werden. Über das Erstellen von Ablauf- und Flussdiagrammen kann diese Tätigkeit geübt werden. Durch den Vergleich unterschiedlicher Flussdiagramme zu ein und demselben Erklärgegenstand lassen sich dann strukturelle Unterschiede erkennen, fehlende Teilelemente benennen und mögliche Schwächen in der Reihenfolge diskutieren.

Lernangebot
Nr. 1
Versuchen Sie zunächst einmal, ein Ablauf- bzw. Flussdiagramm für die Tätigkeit des Fensterputzens zu erstellen. Nutzen Sie auch Pfeile in Ihrer Darstellung.

Schneiden Sie Ihr Flussdiagramm auseinander und geben Sie die einzelnen Teile an Ihren Lernpartner weiter. Nehmen Sie sich dessen Karten und setzen Sie diese wieder zu einem Flussdiagramm zusammen. Was fällt auf? Haben Sie beide dieselben Schritte notiert? Fehlen Schritte? Ist die Reihenfolge identisch? Gibt es Schritte, die zeitlich austauschbar sind? Warum? Gibt es Unterschiede bezüglich der Detailliertheit?

Nr. 2
Erstellen Sie ein Flussdiagramm zum Konstruieren des Umkreismittelpunktes bzw. zum Konstruieren des Schwerpunktes eines allgemeinen Dreiecks.

▸ Welche Elemente sind zum Verstehen essenziell?
▸ Wie müssen die einzelnen Erklärschritte aufeinander aufgebaut sein, damit sie sinnvoll, logisch und für den Zuhörer nachvollziehbar sind?

4 Erklärungen strukturieren

Nr. 3
Studieren Sie die Flussdiagramme 3 und 4 (Abbildungen 33 und 34) hinsichtlich ihrer Struktur:

- Wie ist die Erklärung aufgebaut?
- Sind alle zum Verständnis notwendigen Schritte in der Erklärung enthalten?
- Welche Elemente der Erklärung sind dem Verständnis besonders dienlich?
- Fehlen wichtige Schritte? Welche?
- Wie und an welcher Stelle könnten fehlende Schritte ergänzt werden?
- Gibt es Irrwege in den Darstellungen? Welche?
- Welche Teilerklärungen sind überflüssig und könnten weggelassen werden?

Abb. 33: Flussdiagramm 3 zur Stau-Aufgabe

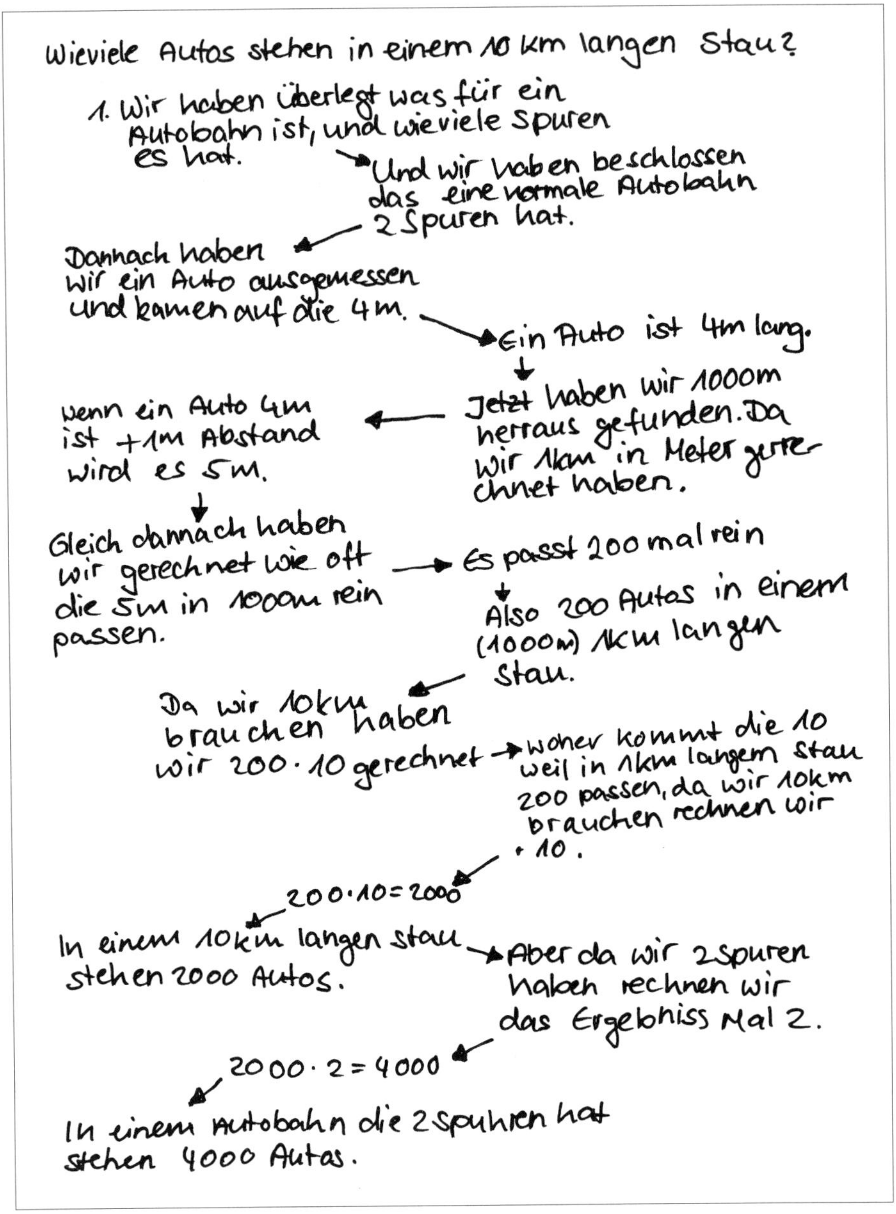

Wieviele Autos stehen in einem 10 km langen Stau?

1. Wir haben überlegt was für ein Autobahn ist, und wieviele Spuren es hat.

→ Und wir haben beschlossen das eine normale Autobahn 2 Spuren hat.

Dannach haben wir ein Auto ausgemessen und kamen auf die 4m.

→ Ein Auto ist 4m lang.

Wenn ein Auto 4m ist +1m Abstand wird es 5m.

← Jetzt haben wir 1000m herraus gefunden. Da wir 1km in Meter gerechnet haben.

Gleich dannach haben wir gerechnet wie oft die 5m in 1000m rein passen.

→ Es passt 200 mal rein

Also 200 Autos in einem (1000m) 1km langen Stau.

Da wir 10km brauchen haben wir 200·10 gerechnet

→ Woher kommt die 10 weil in 1km langem Stau 200 passen, da wir 10km brauchen rechnen wir ·10.

200·10=2000

In einem 10km langen Stau stehen 2000 Autos.

→ Aber da wir 2 Spuren haben rechnen wir das Ergebniss Mal 2.

2000·2=4000

In einem Autobahn die 2 Spuhren hat stehen 4000 Autos.

Abb. 34: Flussdiagramm 4 zur Stau-Aufgabe

4 Erklärungen strukturieren

Nr. 4
Geben Sie den beiden Schülergruppen, die die Flussdiagramme 5 und 6 (Abbildungen 35 und 36) erstellt haben, ein schriftliches Feedback zur Qualität der Struktur ihrer Erklärung.

Abb. 35: Flussdiagramm 5 zur Stau-Aufgabe

Kapitel III: Erklären lernen

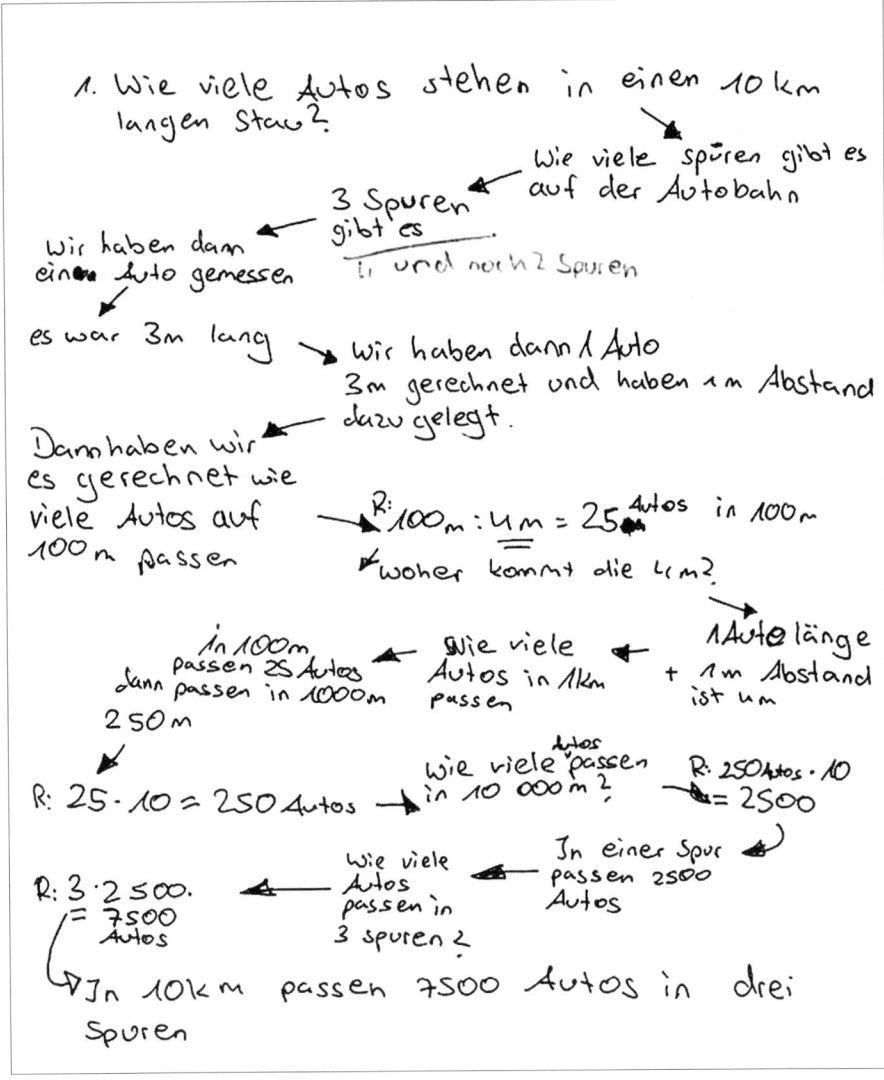

Abb. 36: Flussdiagramm 6 zur Stau-Aufgabe

5 Erklären von mathematischen Zusammenhängen mit Darstellungen

Innerhalb der Mathematik können in unterschiedlichen Bereichen Darstellungen zur Veranschaulichung bei Erklärungen verwendet werden. Zum einen können *innermathematische Zusammenhänge* veranschaulicht werden. Zum anderen kann es notwendig werden, *außermathematische Zusammenhänge* und Realsituationen mittels

Skizzen, Grafiken usw. verstehbar zu machen. In diesem Lernangebot geht es darum, innermathematische Zusammenhänge mittels Darstellungen zu erklären. Im Lernangebot 6 steht dagegen das Darstellen von realitätsbezogenen Sachzusammenhängen im Vordergrund.

Erklärungen werden aus mehreren Gründen durch Darstellungen ergänzt: Einerseits ist unbestritten, dass für den Menschen das Auge ein primäres Sinnesorgan ist. Der visuelle Reiz spricht einen Sinneskanal an, der sowohl für das Verständnis als auch für das Behalten essenziell ist. Andererseits können Grafiken Beziehungen verdeutlichen, die teilweise in Worten nur schwer oder gar nicht auszudrücken wären. Darstellungen in Erklärungen haben zum Ziel:

- das Wesentliche zu fokussieren
- Sprache zu ergänzen und/oder zu ersetzen
- Zusammenhänge/Informationen sich selbst und anderen verständlich zu machen.

Allerdings ist nicht jede Darstellung für jede Erklärung gleichermaßen gut geeignet. Ganz bewusst muss beim Erklären eine Entscheidung getroffen werden: Welche Darstellung ist zielführend und wie soll die Darstellung konkret aussehen? Scheinbare Kleinigkeiten können entscheidend sein.

Wie in Kapitel II.2.2 beschrieben, besteht zudem ein Unterschied darin, ob man innerhalb einer Darstellungsform (z. B. ikonisch) die Darstellung verändert oder wechselt (intramodaler Transfer) oder ob von einer Darstellungsform in eine andere Darstellungsform (beispielsweise von der symbolischen in die ikonische) übergegangen wird (intermodaler Transfer). Beide Fälle werden in diesem Lernangebot thematisiert.

Beispiel 1: Intermodaler Transfer
Im Unterricht einer Realschulklasse wird folgende Aufgabe bearbeitet:

 Ein Skateboard der Firma Speedy kostet 100 €. Das Skateboard von Jump & Drive ist 20 % teurer, wird im Schlussverkauf allerdings um 20 % reduziert.

Michael (Klasse 7) ist der festen Überzeugung, dass die beiden Skateboards nun gleich viel kosten.

Möchte man Michael nicht nur mit Worten davon überzeugen, dass er im Unrecht ist, sondern vielmehr auch mit einer ikonischen Darstellung die mathematischen Zusammenhänge verdeutlichen, dann ist es wichtig, sich über die Art dieser Darstellung Gedanken zu machen.

Im Folgenden werden zwei Darstellungen (Abb. 37 und 38) vorgestellt und diskutiert:

Kapitel III: Erklären lernen

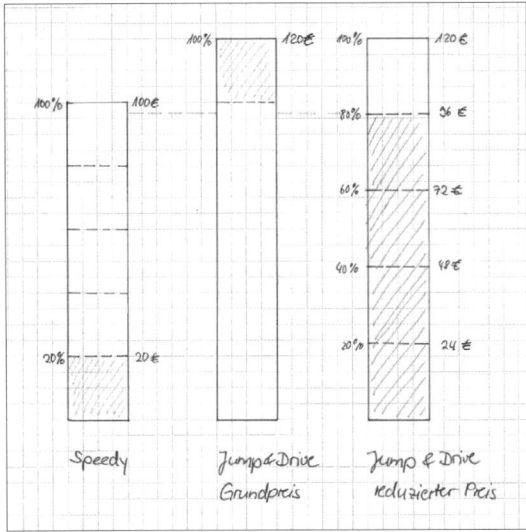

Abb. 37: Darstellung 1 zur Skateboard-Aufgabe

Abbildung 37 veranschaulicht mithilfe von drei Säulen, dass der reduzierte Preis der Firma Jump & Drive günstiger ist als der reguläre Preis der Firma Speedy. Dazu wird zunächst der Grundpreis von Jump & Drive ermittelt. Dies erfolgt, indem die Säule von Speedy in fünf Teile unterteilt wird und ein zweiter Balken, der um einen solchen Teil (schraffiert) ergänzt ist, gezeichnet wird. In der rechten Säule wird schließlich wiederum eine Unterteilung in fünf Teile vorgenommen, sodass die Reduzierung um 20 % auf 80 % des Grundpreises herausgelesen und mit dem Preis von Speedy (linke Säule) verglichen werden kann.

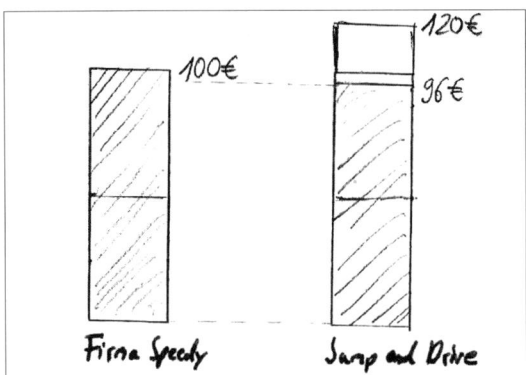

Abb. 38: Darstellung 2 zur Skateboard-Aufgabe

Wie in der vorangegangenen Darstellung so wird auch in Abbildung 38 mittels Säulen der Vergleich zwischen Speedy und Jump & Drive hergestellt. Im Unterschied

80

zur ersten Darstellung ist hier allerdings nicht ersichtlich, wie der Grundpreis von Jump & Drive zustande kommt. Eine Unterteilung der Säulen in fünf Teile erfolgt nicht. Der Vergleich zwischen den beiden Firmen wird über eine gestrichelte Linie dargestellt.

Beispiel 2: Intramodaler Transfer

Prozentuale Anteile lassen sich auf unterschiedliche Art grafisch veranschaulichen. So können sowohl lineare Modelle (z. B. Zahlenstrahl) als auch flächige Modelle (z. B. Rechtecksmodelle, Prozentblatt usw.) oder dreidimensionale Modelle (z. B. Zylindersäulen) verwendet werden (Abb. 39).

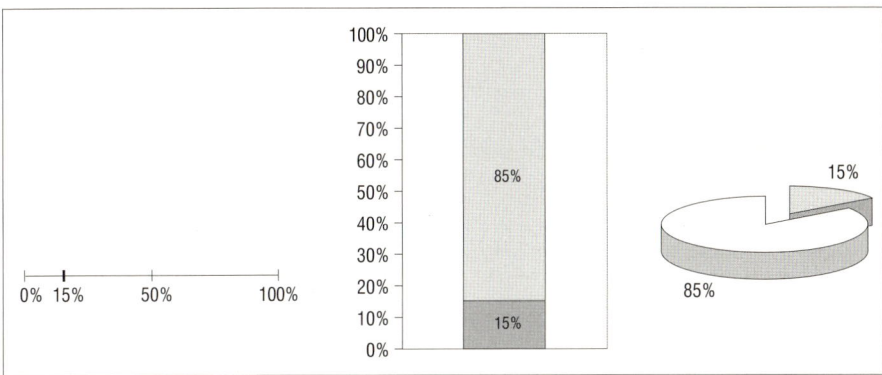

Abb. 39: Modelle zur Veranschaulichung von Prozenten

Über die verschiedenen Modelle hinaus können auch innerhalb ein und desselben Modells unterschiedliche Veranschaulichungen entstehen. Werden beispielsweise 15 % mithilfe eines Prozentblattes veranschaulicht, so können sich unter anderem folgende Darstellungen ergeben (Abb. 40):

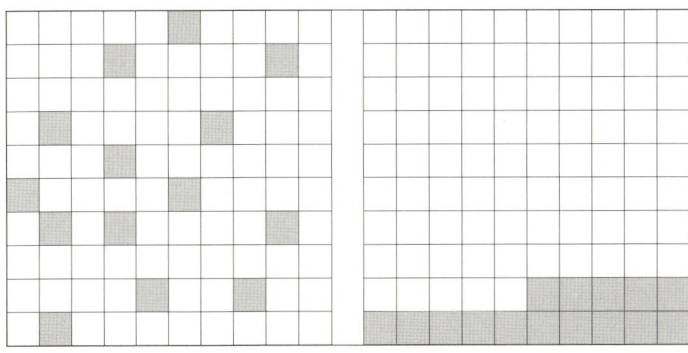

Abb. 40: Prozentblatt

Auch wenn der Zahlenstrahl als Modell benutzt wird, lassen sich Prozentanteile unterschiedlich veranschaulichen:

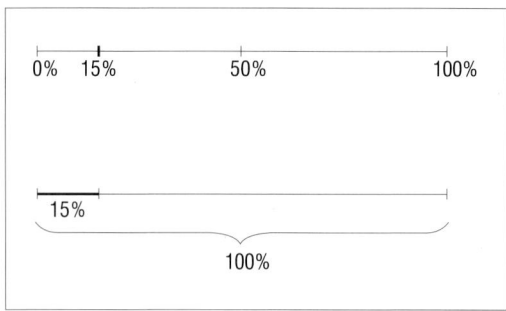

Abb. 41: Zahlenstrahl

Die prozentualen Anteile werden dabei unterschiedlich repräsentiert. In Abbildung 41 ist in der oberen Darstellung der Anteil von 15 % als Punkt auf dem Zahlenstrahl markiert, während er bei der unteren Darstellung als Strecke illustriert ist.

An diesen Beispielen wird deutlich, dass ein und dasselbe Modell aus unterschiedlicher Perspektive betrachtet werden kann, was zu unterschiedlichen Veranschaulichungen führt. Dies muss bei der Erstellung von Veranschaulichungen und bei der unterrichtlichen Auseinandersetzung mit diesen berücksichtigt werden (z. B. bewusster Einsatz von Sprache, Farbe usw.).

Lernpotenzial

Das Erstellen von ikonischen Darstellungen hilft insofern dabei, das Erklären zu lernen, als es dazu zwingt, sich den mathematischen Sachverhalt exakt klarzumachen und die wesentlichen Aspekte und Beziehungen herauszuarbeiten. Während dieses Prozesses können zudem Teil- oder Zwischenschritte von Erklärungen zutage treten, die zuvor nicht bedacht wurden, die aber für den Aufbau eines Verständnisses wichtig sind.

Auch das Analysieren und bewusste Reflektieren von ikonischen Darstellungen trägt dazu bei, das Erklären zu lernen. Während der Analyse ist man dazu gezwungen, sich in die Gedanken eines Dritten hineinzuversetzen. Was genau drückt die Grafik aus? Gibt es Zweideutigkeiten oder fachliche Mängel? Welche unterschiedlichen ikonischen Darstellungen lassen sich zu einem Sachverhalt anfertigen? Wo liegen die Vor- und Nachteile der einzelnen Darstellungen? Wie sollte die Grafik verbal begleitet werden? Gibt es Bestandteile der Darstellung, die überflüssig oder irrelevant sind?

5 Erklären von mathematischen Zusammenhängen mit Darstellungen

Lernangebot
Nr. 1
Zur Skateboard-Aufgabe (S. 79) folgen nun weitere Beispiele von Darstellungen (Abbildungen 42 bis 45).
a) Diskutieren Sie diese Darstellungen unter folgenden Aspekten:

- fachliche Korrektheit
- Verständlichkeit
- Strukturiertheit/Übersichtlichkeit

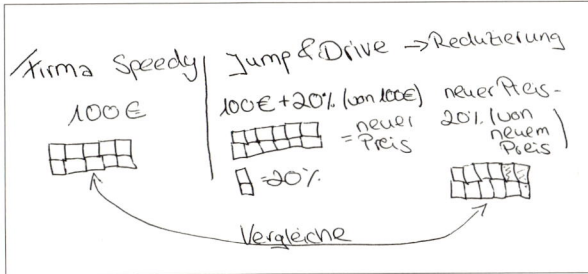

Abb. 42: Darstellung 3
zur Skateboard-Aufgabe

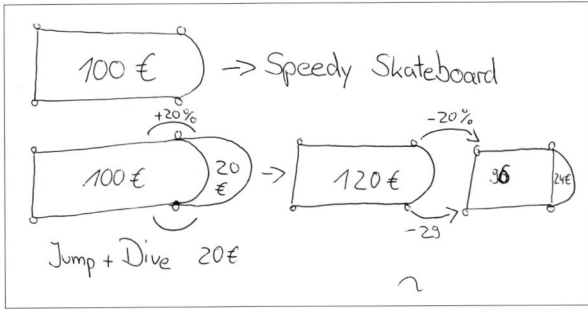

Abb. 43: Darstellung 4
zur Skateboard-Aufgabe

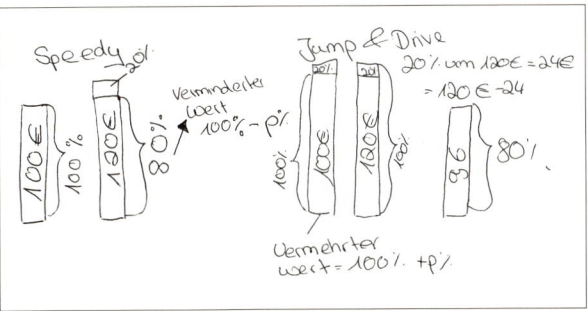

Abb. 44: Darstellung 5
zur Skateboard-Aufgabe

Kapitel III: Erklären lernen

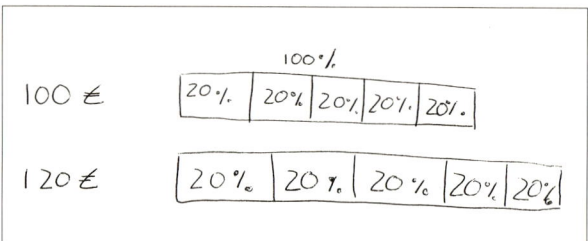

Abb. 45: Darstellung 6 zur Skateboard-Aufgabe

b) Fertigen Sie eine eigene Darstellung an, indem Sie Ihre Diskussionsergebnisse aus Teilaufgabe a) berücksichtigen.

Nr. 2
Für die Darstellung von Brüchen existieren unterschiedliche ikonische Möglichkeiten. Einige davon sind im Folgenden abgebildet. Welche der Darstellungen kann die Aufgabe $2 : \frac{2}{3}$ repräsentieren (vgl. Ball/Bass 2009, S. 18)?

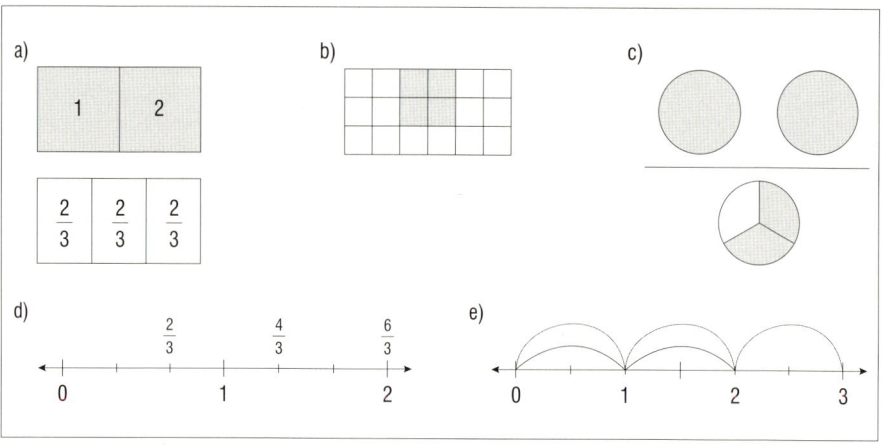

Abb. 46: Ikonische Darstellung von Brüchen

Nr. 3
a) Versuchen Sie, die Zahl 0,25 mithilfe von möglichst vielen verschiedenartigen Darstellungen zu erklären.
b) Lassen sich Ihre Darstellungen auf alle Dezimalzahlen übertragen?

Nr. 4
Beim Bruchrechnen wird oft mit unterschiedlichen ikonischen Modellen gearbeitet: Rechteckmodell, Kreismodell, lineares Modell.

Diskutieren Sie die Vor- und Nachteile dieser Modelle an folgenden Aufgabenbeispielen:
a) Darstellen von Stammbrüchen: $\frac{1}{4}$; $\frac{1}{5}$; $\frac{1}{7}$
b) Subtraktion zweier ungleichnamiger Brüche: $\frac{3}{4} - \frac{3}{6}$
c) Multiplikation zweier Brüche: $\frac{3}{8} \cdot \frac{5}{6}$

Nr. 5
Überlegen Sie sich, wie Sie $\left(\frac{1}{3}\right)^3$ veranschaulichen können.

Nr. 6
Betrachten Sie diese Veranschaulichungen. Was könnten Sie ausdrücken?

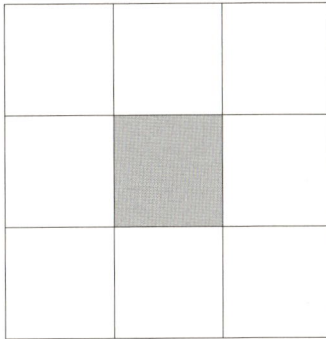
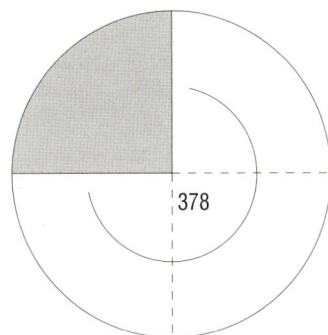

Abb. 47: Darstellung interpretieren 1   Abb. 48: Darstellung interpretieren 2

Nr. 7
Die nachstehende Aufgabe soll im Unterricht besprochen werden.

 Von zehn mit den Ziffern 1 bis 10 beschrifteten Kugeln sollen zwei Kugeln zufällig gezogen werden.

a) Überlegen Sie sich zunächst selbst, welche und wie viele unterschiedliche Möglichkeiten es gibt. Bedenken Sie dabei, dass dies davon abhängt, ob die Kugeln gleichzeitig oder nacheinander (evtl. mit Zurücklegen) gezogen werden.
b) Betrachten Sie die folgende Veranschaulichung (Abb. 49). Inwiefern können mit ihr die unterschiedlichen Möglichkeiten und deren Anzahl aufgezeigt werden?

Kapitel III: Erklären lernen

Abb. 49: Darstellung interpretieren 3

c) Lässt sich die Darstellung auch verwenden, wenn drei oder mehr Kugeln zufällig gezogen werden sollen oder wenn die Gesamtzahl der Kugeln verändert wird? Wie müsste man sie verändern?

6 Erklären von Sachzusammenhängen mit Darstellungen

Sachaufgaben (Denk- und Knobelaufgaben, Textaufgaben, Modellierungsaufgaben usw.) sind zuweilen von Schülerinnen und Schülern inhaltlich schwer zu erfassen. Neben innermathematischen Zusammenhängen muss zunächst einmal die Sachsituation als solche verstanden werden. Während sich das Lernangebot 5 ausschließlich mit der Veranschaulichung von innermathematischen Zusammenhängen beschäftigt, geht es nachfolgend darum, wie Veranschaulichungen dazu beitragen können, einerseits die Sachsituation verständlicher zu machen und andererseits beim Übergang von der Sachsituation auf die mathematische Ebene – beim Mathematisieren – zu helfen. Ziel dieser Veranschaulichungen ist:

- das Verstehen von Sachsituationen zu unterstützen
- Zusammenhänge/Informationen konzentriert darzustellen
- beim Mathematisieren zu helfen.

6 Erklären von Sachzusammenhängen mit Darstellungen

Beispiel

Die folgende Textaufgabe stammt aus dem Bereich des Prozentrechnens:

  Für das letzte Fantrikot der DFB-Elf mit Originalunterschriften erhöht Sportwarenhändler Fieser Fritz den Preis um 5 %. Nun kostet es 260 €. Wie war es ursprünglich ausgezeichnet?

Aufgaben zum vermehrten oder verminderten Grundwert sind grundsätzlich schwer zu erfassen. Im Folgenden sind einige Darstellungen abgebildet, die versuchen, den Sachzusammenhang zu erklären.

Abb. 50: Darstellung 1 zur Trikot-Aufgabe

Abbildung 50 bildet die Realität ab. Gezeigt wird eine Situation, wie man sie beispielsweise beim Blick in das Schaufenster eines Sportgeschäftes vorfindet. Damit können sich Schüler identifizieren. Allerdings ist die konkrete Darstellung des Preisschildes mit der Realität dennoch nicht zu vereinbaren, denn welches Geschäft gibt schon einen Preisaufschlag auf einem Preisschild an? Weiterhin wird mit dieser Abbildung ausschließlich die Sachsituation veranschaulicht. Sie liefert keine Hilfestellung für das Mathematisieren.

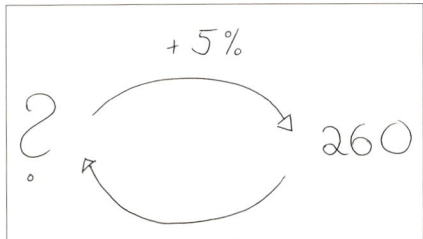

Abb. 51: Darstellung 2 zur Trikot-Aufgabe

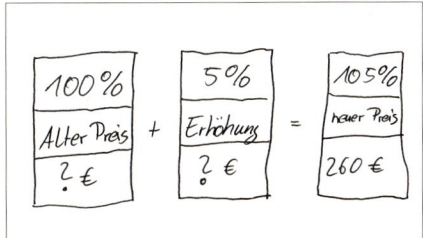

Abb. 52: Darstellung 3 zur Trikot-Aufgabe

Bei Abbildung 51 handelt es sich um ein einfaches Operatormodell. Es veranschaulicht, dass der ursprüngliche Preis unbekannt ist. Zu diesem unbekannten Preis werden (dargestellt durch das Rechenzeichen +) fünf Prozent addiert. Unklar bleibt, worauf sich die fünf Prozent beziehen.

Abbildung 52 verdeutlicht, dass sich der neue Preis aus einem alten Preis und einer Erhöhung zusammensetzt. Sowohl alle Prozentsätze als auch der konkrete Prozentwert des neuen Preises werden gezeigt. Diese Veranschaulichung ist bereits der erste Schritt einer Mathematisierung, denn an ihr lässt sich direkt ablesen, dass 260 Euro den 105 % entsprechen.

Für eine Veranschaulichung, die über die Darstellung des Sachzusammenhangs auch den mathematischen Zusammenhang in den Blick nimmt, würde man sich überdies noch wünschen, dass die unterschiedlichen prozentualen Anteile grafisch in der richtigen Relation zueinander wiedergegeben werden.

Lernpotenzial

Durch das Anfertigen von ikonischen Darstellungen, die Sachsituationen veranschaulichen, ist man gezwungen, sich die Grundstruktur der Sache bewusst zu machen. Dazu müssen die für die Aufgabenstellung relevanten Informationen und deren Beziehungen untereinander ermittelt werden. Bei überbestimmten Aufgaben[1] kommt hinzu, dass während des Darstellungsprozesses zunächst die zur Verfügung stehenden Angaben auf die zur Bearbeitung notwendigen Angaben reduziert werden müssen.

In der realen Unterrichtssituation entstehen Veranschaulichungen oft spontan. Dieses Lernangebot trägt dazu bei, sicherer in der Erstellung von ikonischen Darstellungen zu werden, um auch in adhoc-Erklärungen strukturiert und zielführend agieren zu können.

Lernangebot
Nr. 1

Im Mathematikunterricht der 8. Klasse steht folgende Aufgabe zur Diskussion:

 Bei der Herstellung von Fußball-Fantrikots müssen 2 % der Trikots nach der Herstellung aussortiert werden, weil Webfehler passiert sind. Das Sportgeschäft „Soccero" hat 2.450 Trikots bestellt. Wie viele Trikots müssen hergestellt werden, damit tatsächlich 2.450 Trikots geliefert werden können?

---

[1] Unter überbestimmten Aufgaben versteht man Aufgaben, die mehr Informationen enthalten, als für die Lösung der Aufgabe nötig sind.

6 Erklären von Sachzusammenhängen mit Darstellungen

a) Überlegen Sie sich – gegebenenfalls analog zur Beispielaufgabe auf S. 87 – wie man den Sachkontext dieser Aufgabenstellung mittels einer ikonischen Darstellung erklären könnte, sodass Schülerinnen und Schüler einer 8. Klasse die Situation verstehen.
b) Entwickeln Sie Ihre Veranschaulichung aus a) in einem zweiten Schritt so weiter, dass zusätzlich zur Veranschaulichung der Sachsituation auch der Schritt des Mathematisierens deutlich wird.

Nr. 2
Veranschaulichen Sie zu folgender Aufgabenstellung die Sachsituation und diskutieren Sie Ihre Ergebnisse zusammen mit Ihren Lernpartnern.

> **A** Anna geht mit ca. 4 km/h die Straße entlang, in der sie wohnt. 5 Sekunden nachdem sie an einem Zebrastreifen vorbeigelaufen ist, kommt ihr ihre Freundin Sabrina mit ca. 10 km/h auf Inlinern entgegen. Noch einmal 5 Sekunden später überholt sie ein Mofafahrer, der 22 km/h schnell ist.
> In welcher Entfernung vom Zebrastreifen waren Sabrina und der Mofafahrer, als Anna dort war?

Nr. 3
In einer fünften Hauptschulklasse soll folgende Aufgabe besprochen werden:

> **A** Die vier Kinder Julian, Florian, Tino und Ayse verließen am Mittag des zweiten Januar 2001 gleichzeitig den Spielplatz. Es ist bekannt, dass Julian alle 4 Tage zum Spielplatz kommt, Florian alle 8 Tage, Tino alle 10 Tage und Ayse alle 15 Tage. Wann treffen sich alle vier Kinder wieder am Spielplatz?

a) Entwickeln Sie unterschiedliche mögliche Veranschaulichungen, die Schüler im Verstehen der Sachsituation unterstützen könnten.
b) Welche der entstandenen Veranschaulichungen kann auch zum Mathematisieren hilfreich sein?

Nr. 4
Schülerdarstellungen zur Veranschaulichung von Sachsituationen können qualitativ sehr unterschiedlich sein. Während manche eher oberflächlich sind, sind andere so detailliert, dass mithilfe dieser Veranschaulichungen der Lösungsweg erschlossen werden kann.

Kapitel III: Erklären lernen

Wie könnten zwei von Schülern angefertigte konträre Skizzen zu nachfolgender Knobelaufgabe (Hirmer/Hirmer 1997) aussehen?

Ein Seidenhändler verlässt sein Schiff. Er muss nun noch 120 Meilen zurücklegen, um zum Schloss des Königs zu gelangen.
Er beginnt die Reise zu Fuß und setzt sie in einer Kutsche fort, die der König ihm entgegenschickt. Der Händler und die Kutsche starten zur gleichen Zeit.
Zu Fuß legt der Händler 10 Meilen pro Tag zurück. Die Kutsche schafft 20 Meilen pro Tag.
Nach wie vielen Tagen wird der Händler im Schloss ankommen?

Nr. 5

Für die Aufgabe aus Nr. 4 könnte ein lineares Modell (Zahlenstrahl) hilfreich sein. Wie könnte dieses Modell so ergänzt werden, dass sich der sachliche Aspekt herausarbeiten lässt? Ergänzen Sie den Zahlenstrahl (Abb. 53) sinnvoll durch Ihre Überlegungen.

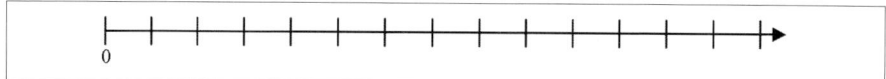

Abb. 53: Darstellung 1 zur Seidenhändler-Aufgabe

Nr. 6

In einer sechsten Hauptschulklasse wurde die Aufgabe aus Nr. 4 durchgeführt. Beurteilen Sie die Veranschaulichung in Abbildung 54, die von einem Schüler angefertigt wurde.

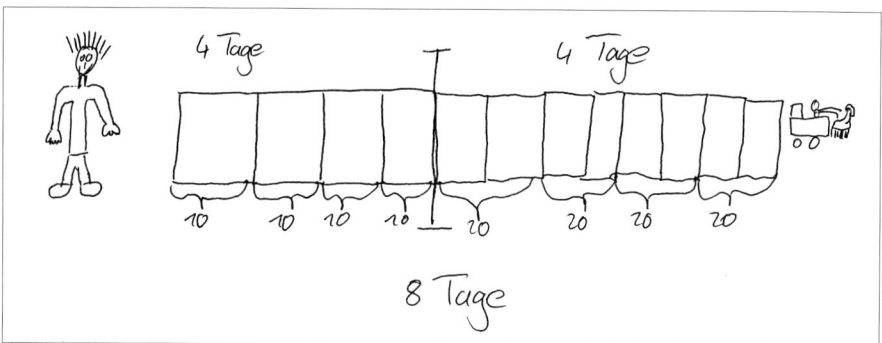

Abb. 54: Darstellung 2 zur Seidenhändler-Aufgabe

7 Passung von Sprache und Darstellung beim Erklären

Erklärungen im Mathematikunterricht finden in der Regel nicht ausschließlich auf sprachlicher Ebene statt. Neben Handlungen (z. B. Zeigen an konkreten Gegenständen oder Vormachen von Tätigkeiten) können vor allem auch visuelle Darstellungen das gesprochene Wort sinnvoll ergänzen und unterstützen, sowohl von Lehrer- als auch von Schülerseite. Im Unterricht werden dazu häufig die Tafel, OHP-Folien und Plakate verwendet. Die Erstellung solcher Darstellungen geschieht entweder simultan zur Erklärung, also während des eigentlichen Erklärungsprozesses, oder – bei geplanten Erklärungen – bereits im Vorfeld während der Unterrichtsvorbereitung.

Eine die Erklärung ergänzende, strukturierte Darstellung dient dem Präsentierenden als gedankliche Stütze. Während des Erklärens können die einzelnen Schritte oder Verstehenselemente verlässlich, gegebenenfalls in einer bereits im Vorfeld durchdachten, sinnvollen Reihenfolge angesprochen werden. Zudem sind strukturierte Darstellungen auch Anker für die Zuhörer und helfen, die Erklärung nachzuvollziehen und zu durchdringen.

Aus mehreren Gründen sind im Unterricht Schülererklärungen zu gefundenen Lösungswegen oder Strategien oft nicht effektiv. Das liegt vor allem an der mangelnden Passung zwischen Darstellung, Sprache und Aufgabe während des Erklärens:

▸ Aufgaben, in denen der Lösungsprozess eine wesentliche Rolle spielt, werden häufig nur ergebnisorientiert dargestellt und erklärt.
▸ Die verbale Erklärung passt nicht zu einer in der Erklärung verwendeten Visualisierung.
▸ Sprache und Darstellung werden nicht analog zueinander verwendet.

Dieses Lernangebot fokussiert ebenjene Passungen und trägt dazu bei, sowohl das Zusammenspiel zwischen Sprache und Darstellung als auch das Fokussieren des Lösungsprozesses zu verbessern.

Beispiel

In einer siebten Realschulklasse sollten die Schüler folgende Aufgabe bearbeiten:

 Die Summe aus einer Zahl und ihrem Doppelten ist immer durch 3 teilbar. Kannst du zeigen, dass diese Aussage stimmt?

Aufgaben, in denen Schüler etwas zeigen sollen, fordern nicht nur das Abarbeiten eines Algorithmus ein, sondern zwingen Schüler dazu, sich Gedanken über das *Wie* zu machen: *Wie kann ich etwas zeigen?* Nicht allein die Lösung, sondern vor allem auch der Weg zur Lösung ist es, der die Aufgabe wertvoll macht. Aufgabenstellungen dieser

Art legen nahe, dass auch während der Präsentation nicht ausschließlich die Lösung vorgestellt und diskutiert wird, sondern auch der Lösungsprozess. Dies ist jedoch nicht obligatorisch. Ein Schüler dokumentierte z. B. während der Arbeitsphase seinen Lösungsweg wie in Abbildung 55.

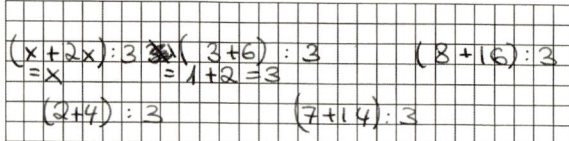

Abb. 55: Arbeitsdokument   Abb. 56: Präsentationsdokument

Es fällt auf, dass der Schüler zunächst die Aussage der Aufgabenstellung in den ganz links stehenden Term (x + 2x) : 3 übersetzte. Im weiteren Verlauf notierte er Beispiele. Erst zum Schluss vereinfachte er den allgemeinen Term („= x") und erkannte die Bedeutung dieser Vereinfachung.

Noch während der Arbeitsphase fertigte der Schüler eine OHP-Folie an, die er für die spätere Präsentation benutzte. Dieses Präsentationsdokument (Abbildung 56) zeigt nun nicht mehr den Lösungsprozess, sondern lediglich das Ergebnis.

In der sich anschließenden Präsentationsphase verwendete der Schüler dann ausschließlich sein Präsentationsdokument und führte Folgendes aus:

> **D** S   Also, man muss ja erst x plus zwei x, das sind dann ja drei x.
> Und bei geteilt und bei mal muss man kann man sich die x und y und das Ganze alles wegdenken, dann ist ja drei geteilt durch drei und das sind ja dann eins und dann muss man das x wieder dazu und das sind dann ein x und also dann wieder x.
>
> L   Manuel, kannst du mal erklären, wie du auf x plus zwei x kommst?
>
> S   (lacht) Nicht mehr. (überlegt)
> Ach so, ich hab, also man hat ja, man nimmt ja jetzt irgendeinen Buchstaben, also x, und dann muss man das Doppelte davon nehmen, das sind dann zwei x, und das zusammenaddieren, also x plus zwei x.
>
> L   Genau, und warum können wir jetzt sagen, dass es immer gilt? Warum können wir sagen, in dem Fall ist jede Zahl, egal was für eine Zahl wir nachher nehmen, immer durch drei teilbar? Warum stimmt denn diese Aussage?

> S   Weil das (bezieht sich und deutet auf die niedergeschriebene Gleichung) hiermit funktioniert und weil x eine Variable ist.
>
> L   Und was können wir für das x einsetzen?
>
> S   Jede beliebige Zahl.

Man sieht hier, dass der Schüler ausschließlich das Präsentationsdokument versprachlicht. Auf die Nachfrage des Lehrers, wie der Ansatz (x + 2x) zustande kommt, kann der Schüler zunächst keine Antwort geben und muss einen Moment lang überlegen. Ein Vergleich zwischen Arbeits- und Präsentationsdokument erklärt diesen Moment des Innehaltens. Betrachtet man die Notizen, die sich der Schüler während der Bearbeitung der Aufgabe gemacht hat, und vergleicht diese mit der Folie, die der Schüler zur Präsentation benutzt, fällt auf, dass ein erheblicher Unterschied zwischen beiden Dokumenten besteht. Während in den Arbeitsnotizen der Prozess sichtbar wird, der zur Lösung der Aufgabe geführt hat, stellt der Schüler nun lediglich das Produkt – den allgemeinen Term und dessen Berechnung – anhand der Präsentationsfolie vor. Streng genommen erklärt der Schüler nicht das, was eigentlich seine Aufgabe gewesen wäre (nämlich seine Einsichten, Gedankengänge und Ansätze zu der gegebenen Aufgabe), sondern er „erklärt" die Präsentationsfolie. Seinen Mitschülern wird auf diese Weise nicht ersichtlich, dass er durch das Betrachten von mehreren Beispielen zur allgemeinen Lösung gekommen ist. Auch dem Schüler selbst ist seine Vorgehensweise nicht mehr präsent.

Die Bedeutung der visuellen Darstellung für die Verständlichkeit der Erklärung wird in ihrem ganzen Ausmaß klar, wenn man sich hypothetisch überlegt, wie die Erklärung hätte ablaufen können, wenn anstatt des Präsentationsdokumentes das Arbeitsdokument bei der Präsentation zum Einsatz gekommen wäre. In diesem Fall wäre es möglich gewesen, anstatt der bloßen Lösung den gesamten Lösungsprozess zu thematisieren und zu fokussieren. Vermutlich wäre die Erklärung dann grundsätzlich verständlicher gewesen, da der Schüler zunächst eine Plausibilisierung anhand von Beispielen vorgenommen hätte.

Lernpotenzial

Unterrichtssituationen, in denen sich Schüler gegenseitig ihre Lösungswege bzw. -gedanken präsentieren, sind sehr komplex und für Lehrkräfte sehr anstrengend. Diese Komplexität ergibt sich aus dem Zusammentreffen verschiedener Faktoren: verwendete schriftliche Notationen bzw. Visualisierungen, Verbalisierungen, Mimik, Gestik usw. Diese Faktoren sollten im Unterricht ineinandergreifen und miteinander verwoben werden, sodass zu präsentierende Inhalte besser verstanden werden können. Fragen, die sich in dem Zusammenhang stellen, sind:

Kapitel III: Erklären lernen

> Wie muss eine schriftliche Notation aussehen, damit sie verstanden werden kann?
> Wie muss eine Verbalisierung hierzu erfolgen?
> Welche Aspekte aus dem schriftlichen Dokument sollten bei der Präsentation auch mündlich angesprochen werden?

Lernangebot
Nr. 1
a) Bearbeiten Sie folgende Modellierungsaufgabe zunächst selbst.

 Wie groß ist der Riese, von dem man auf dem Bild nur den Stiefel sieht, in Wirklichkeit?

Abb. 57: Riesen-Aufgabe

b) Schüler einer siebten Hauptschulklasse haben obige Aufgabenstellung bearbeitet. Der Lehrer präsentierte dazu zu Beginn der Stunde zunächst das oben abgebildete Bild mit dem Tageslichtprojektor. Die Aufgabenstellung wurde dann gemeinsam entwickelt und es wurde im Gespräch sichergestellt, dass sie allen Schülern klar war. Anschließend lösten die Schüler die Problemstellung in einer Sozialform ihrer Wahl. Nach der Arbeitsphase präsentierten sie sich unter Zuhilfenahme von vorbereiteten OHP-Folien gegenseitig ihre Lösungswege. Abbildung 58 zeigt eine dieser OHP-Folien:

> ca. 21m ist die Statur groß
> 1 cm = 60 cm
> auf Bild in Echt
> Mensch · 5 weil der Mensch
> Statur 4,20cm auf dem Bild
> 5cm groß ist 5 · 4,20m = 21m

Abb. 58: Schriftliche Lösung zur Riesen-Aufgabe

Verstehen Sie die Gedankengänge dieser Schülergruppe? Können Sie den Lösungsweg anhand des Schülerdokumentes nachvollziehen? Notieren Sie den möglichen Lösungsweg dieser Schülergruppe übersichtlich.

c) Im Unterricht nehmen sich Schüler häufig nicht die Zeit, das Dokument vor der Präsentation noch einmal in Ruhe anzuschauen, sondern sie beginnen in der Regel unmittelbar nach dem Auflegen der Lösungsfolie mit dem Erklären. Zu dem oben abgebildeten Schülerdokument wurde folgende Erklärung abgegeben:

Hinweis: Lassen Sie sich die Schülererklärung von einem Ihrer Lernpartner vorlesen. Betrachten Sie währenddessen das Schülerdokument. Können Sie zusammenfassen, wie der Schüler gedacht hat?

D S Also, wir – als Erstes haben wir die Menschen ausgemalt, ausgemessen auf dem Bild und da kam 5 cm raus. Und dann haben, dann haben wir für jeden Zentimeter ... Also, wir haben die 1,80 m, die haben wir genommen und haben das in 5 Teile aufgeteilt. Wegen für 1 cm gab's dann ... 1 cm auf dem Bild wären in echt dann 60 cm gewesen. Dann haben wir ausgemessen, wie groß der Stiefel auf dem Bild ist, und der war 7 cm groß und dann haben wir 7 mal 6 gerechnet. Das waren 42 und haben noch 'ne 0 drangehängt. Und dann sind wir auf's Ergebnis 4,20 m gekommen. Diese 4,20 m haben wir dann mal 5 genommen, für die Beine 2, für den Oberkörper 2-mal den Stiefel und für den Kopf 1-mal den Stiefel und dann hab ich das mit 5 mal 4,20 m ausgerechnet. Dann kamen 21 m raus.

L Habt ihr das verstanden?

---

d) Zwischen dem Schülerdokument und den entsprechenden verbalen Erklärungen fehlt es an verschiedenen Stellen an Passung. Markieren Sie diese im Transkript.

e) Wie lässt sich die Erklärung kürzer fassen bzw. auf die wesentlichen Aussagen reduzieren? Wie würde eine entsprechende schriftliche Darstellung des Lösungswegs aussehen?

f) Geben Sie der Schülergruppe sowohl zum schriftlichen Dokument als auch zur mündlichen Erklärung ein schriftliches Feedback.

g) Welche Möglichkeiten hat ein Lehrer, in solch einer Situation zu reagieren? Welche Hilfestellungen kann er geben, damit vergleichbare Situationen zukünftig besser ablaufen?

Kapitel III: Erklären lernen

Nr. 2
In einer siebten Hauptschulklasse wurde folgende Modellierungsaufgabe bearbeitet:

A) Wie lange braucht eine Firma, um alle Fenster des Hochhauses zu putzen?[1]

Abb. 59: Hochhaus-Aufgabe

a) Bearbeiten Sie diese Aufgabe selbst!
b) Nach der Bearbeitung der Aufgabe präsentierten die Schülerinnen und Schüler im Plenum ihre Lösungswege. Nachstehend sehen Sie einen Transkriptausschnitt einschließlich der von einem Schüler zur Präsentation verwendeten Darstellung (Abbildung 60):

---
[1] Diese Aufgabe wurde im Rahmen einer Hochschulveranstaltung von Martin Gundlach, Jan Hiller, Jochen Planck entwickelt.

> D) F Also wir haben halt da, unsere Tischgruppe hat ausgerechnet, wie viel Fenster das Gebäude hier hat. Dann haben wir das gezählt. So, so eine Spalte hoch. Das haben wir gezählt (fährt mit dem Finger auf dem Bild, das ebenfalls auf dem OHP liegt, eine Spalte hoch). Das sind 50 Fenster. Dann haben wir das mal 12 genommen, weil das Haus 4 Seiten hat und dann hier das sind 3 so Spalten (fährt mit dem Finger wiederum auf dem Bild die Spalte nach). Dann haben wir 600 Fenster rausbekommen. Für eine Spalte arbeitet einer so 10 Stunden. 10 Stunden mal 12 sind 120 Stunden, also 5 Tage. [...]

> gezählt eine Spalte 50
>
> $50 \cdot 12 = 600$ Fenster (weil das Gebäude 4 Seiten hat)
>
> für eine Spalte 10 Stunden
>
> 10 Stunden $\cdot$ 12 = 120 Stunden = 5 Tage

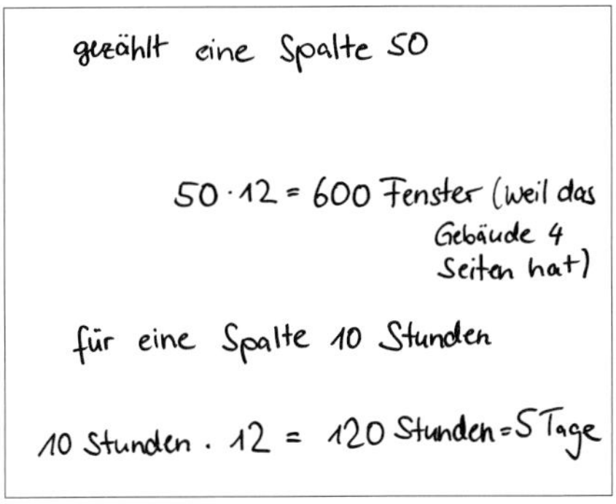

Abb. 60: Schriftliche Lösung zur Hochhaus-Aufgabe

c) Können Sie die Gedanken Fabians allein anhand des Transkripts nachvollziehen?
d) Beurteilen Sie Fabians Dokument hinsichtlich der Passung von Sprache und Darstellung. Sicherlich könnten auch weitere Aspekte diskutiert werden, beispielsweise das Zustandekommen und die Sinnhaftigkeit der Annahmen.
e) Vergleichen Sie Fabians mündliche Erklärung mit seinem schriftlichen Dokument. Wie sieht es mit der inhaltlichen Übereinstimmung aus? Gibt es Stellen, an denen eine adäquate Passung fehlt?
f) Entwickeln Sie selbst eine zu Fabians Formulierungen passende Darstellung.
g) Tauschen Sie Ihre Darstellung mit der Ihres Lernpartners aus. Welche Elemente sind essenziell? Gibt es Unterschiede und/oder Gemeinsamkeiten?

8 Erklären variieren

Insbesondere im Mathematikunterricht werden Lehrkräfte häufig mit Aussagen wie *„Das kapier ich nicht!"* konfrontiert. Während einige Schüler das bisher Behandelte schon ganz gut verstanden haben, gibt es immer wieder Schüler, die Nachfragen haben. In solchen Situationen ist der Lehrer aufgefordert, Dinge, die schon einmal erklärt bzw. erarbeitet wurden, noch einmal anders zu erklären, da der erste Weg offensichtlich nicht bei allen Schülern zum Ziel geführt hat. Dies geschieht im Unterricht häufig auch in Zweiergesprächen zwischen Lehrer und Schüler. Dadurch kann der Lehrer dem Schüler noch einmal eine kurze, prägnante Erklärung geben, um die Verständnislücke in relativ kurzer Zeit zu schließen.

Der Wechsel von einer Erklärvariante zur nächsten darf Lehrern keine Probleme bereiten. Er muss schnell erfolgen, mit einer gewissen Leichtigkeit ablaufen und sollte nach Möglichkeit an den individuellen Bedürfnissen des fragenden Schülers ansetzen. Um im Unterricht flexibel reagieren zu können, ist es sinnvoll, bereits bei der Unterrichtsplanung alternative Verstehenszugänge zu überlegen. Zudem können leistungsstärkeren Schülern durchaus mehrere Zugänge angeboten werden, um mathematisch-inhaltliche Vernetzungen bewusst anzuregen.

Beispiel

Ein allseits bekanntes Erklärproblem innerhalb der Mathematikdidaktik ist die Frage nach der Division durch null. Warum darf man eigentlich durch null nicht teilen?

Überlegen Sie zunächst einmal selbst, welche Erklärung Sie auf diese Frage geben würden. Was genau sagen Sie? Wie würden Sie Ihre Antwort formulieren, wenn Sie von einem Drittklässler gefragt werden? Was würden Sie sagen, wenn ein Siebtklässler Sie auf dieses Problem anspricht? Würden sich Ihre beiden Antworten unterscheiden? Wie?

Antworten, die im Unterrichtsalltag zuweilen gegeben werden, sind in der Tabelle Abbildung 61 aufgeführt.

Nr.	Erklärung
1	Das zu verstehen, ist zu schwer für dich. Das lernst du erst in der 7. Klasse.
2	Wenn die Aufgabe 8 : 2 heißen würde, dann würdest du zum Beispiel 8 Bonbons auf 2 Kinder verteilen. Wenn die Aufgabe 8:0 heißt, dann sind ja keine Kinder da, an die man etwas verteilen kann. Dann macht die Aufgabe keinen Sinn.
3	Bei 8 : 0 lautet die Frage: „Wie oft muss man 0 von 8 abziehen um 0 zu erhalten?" Antwort: Egal wie oft ich die 0 von 8 abziehe, ich erhalte nie 0.
4	Durch 0 darf man nicht teilen, weil das Ergebnis verfälscht wird. Zum Beispiel bei der Aufgabe $3 \cdot 0 = 4 \cdot 0$. Teilt man nun auf beiden Seiten der Gleichung durch 0, dann steht da: $3 = 4$ und das ist nicht richtig.
5	Wenn die Aufgabe heißen würde 8 : 2, dann wäre das Ergebnis 4, denn $4 \cdot 2 = 8$. Bei der Aufgabe 8 : 0 suche ich jetzt eine Zahl, sodass ich rechnen kann: Zahl $\cdot 0 = 8$. So eine Zahl gibt es aber nicht.
6	Das darfst du einfach nicht. Wenn du das machst, wirst du von einem schrecklichen Monster gefressen.

7	Das haben schlaue Mathematiker so festgesetzt. Das ist ein mathematisches Gesetz und Gesetze muss man einhalten!
8	Angenommen, man möchte eine Strecke mit der Länge 8 m aus Strecken mit der Länge 0 m zusammenlegen, so bräuchte man unendlich viele dieser Strecken.
9	Betrachte folgende Aufgaben: $8 : 8 = 1$ $\quad\quad 8 : \frac{1}{2} = 16$ $8 : 4 = 2$ $\quad\quad 8 : \frac{1}{4} = 32$ $8 : 2 = 4$ $\quad\quad 8 : \frac{1}{8} = 64$ $8 : 1 = 8$ $\quad\quad\quad\quad\quad\quad 8 : \frac{1}{16} = 128$ $\quad\quad\quad\quad\quad\quad 8 : \frac{1}{32} = 256$ $\quad\quad\quad\quad\quad\quad 8 : \frac{1}{64} = 512$ Die Teiler werden immer kleiner und nähern sich der Null. Das Ergebnis der Division wird immer größer. Was glaubst du, was passiert, wenn wir die Reihe fortsetzen? Kann irgendwann als Ergebnis 0 herauskommen?
10	Das ist nicht definiert.
11	Null ist gleich nichts und deswegen kann auch nichts rauskommen.

Abb. 61: Alltägliche Antworten zur Teilbarkeit durch null

Betrachtet man diese möglichen Antworten genauer, dann fällt zunächst einmal auf, dass sie hinsichtlich der Erklärtiefe sehr unterschiedlich sind. Die Antworten 1, 6, 7 und 10 sind Prototypen für Antworten, die keine mathematischen Einsichten generieren können: Hier wird die Mathematik vermutlich als eine komplexe Wissenschaft angesehen mit festen Regeln und Gesetzen, die es einzuhalten gilt. Im Unterschied hierzu werden in den Antworten 2, 3, 4, 5 und 8 Erklärungen abgegeben, die mathematische Einsichten ermöglichen. So beziehen sich beispielsweise die Erklärungen 2 und 8 auf die beiden Grundvorstellungen zur Division: Verteilen und Aufteilen. In der Erklärung 3 wird eine weitere Grundvorstellung der Division angesprochen: Hier wird die Division als fortgesetzte Subtraktion aufgefasst. Ebenso möchte die Erklärung 5 plausibel machen, dass ein Ergebnis nicht sinnvoll wäre: Sie verweist darauf, dass die Division die Umkehroperation einer Multiplikation ist. Bei den Antworten 2, 3, 5 und 8 geht es also darum, Grundvorstellungen aufzubauen oder auf sie zurückzugreifen und damit mathematisches Verständnis aufzubauen. Antwort 9 geht in eine andere Richtung. Hier wird die Frage des Schülers *Warum darf man eigentlich durch null nicht teilen?* in eine Beobachtungsaufgabe umformuliert. Die Zahlenreihe ermöglicht dem Schüler zu entdecken, was eigentlich mit dem Quotienten bei einer Divisionsaufgabe passiert, wenn der Divisor gegen null geht. Bei Erklärung 11 kommt es zum Auf-

Kapitel III: Erklären lernen

bau von Fehlvorstellungen. Mit der Vorstellung, dass null gleich nichts ist, könnte der Schüler zu einem späteren Zeitpunkt schließlich auch argumentieren, dass die Null bei der Zahl 50 oder aber auch bei der Zahl 5,05 weggelassen werden könnte. Wenn null gleich nichts ist, dann müsste es ja auch egal sein, ob man diese Ziffer hinschreibt oder nicht.

Lernpotenzial
Diese Übung zielt bewusst darauf ab, sich zu ein und demselben Themengebiet unterschiedliche Erklärvarianten zu überlegen und darüber hinaus über Stärken und Schwächen der einzelnen Varianten zu reflektieren. Das Variieren ermöglicht zum einen, sich nochmals intensiv mit dem zu behandelten Unterrichtsgegenstand auseinanderzusetzen, und hilft beim Aufbau und der Entwicklung eines Fundus an potenziellen Erklärvarianten. Zum anderen lernt man, darauf zu achten, dass im Zuge von didaktischen Reduktionen keine fachlichen Unschärfen ins Spiel gebracht werden.

Lernangebot
Nr. 1
Die Gültigkeit des Potenzgesetzes $a^n \cdot b^n = (a \cdot b)^n$ erklären zwei Schüler wie folgt:

D   S 1   Also ich hab gedacht, dass ich da erst mal Zahlen einsetze, das ist einfacher als mit Buchstaben und dann kann man das auch gleich sehen.
Ich hab zuerst die Zahlen 3 und 4 genommen und dann hab ich $3^2 \cdot 4^2$ und wenn ich das dann ausrechne, dann kommt das Gleiche raus, wie wenn ich das in den Klammern ausrechne, also $(3 \cdot 4)^2$. Und das geht auch, wenn ich andere Zahlen nehme, also nicht 3 und 4, sondern 7 und 8 oder so.

S 2   Also, wenn ich da zum Beispiel Zahlen einsetze, dann würde da stehen: $2^2 \cdot 4^2$. Das wäre dann $2 \cdot 2 \cdot 4 \cdot 4$. Das könnte man dann so aufschreiben: $2 \cdot 4 \cdot 2 \cdot 4$: Die Zahlen kann ich ja umdrehen, da ist es egal, ob ich $2 \cdot 4$ oder $4 \cdot 2$ schreibe, denn es kommt ja beides Mal das gleiche Ergebnis raus. Und dann hat man ja das dann $2 \cdot 4$ hoch 2, oder?

Wie beurteilen Sie diese Erklärungen? Kennen Sie Alternativen?

Nr. 2
Erklären Sie Ihren Schülern den Unterschied zwischen folgenden mathematischen Ausdrücken. Notieren Sie dazu genau, was Sie sagen und tun. Finden Sie mehrere Erklärvarianten?
$7x$ $7 - x$ x^7 $7+x$

Nr. 3

Finden Sie verschiedene Erklärmöglichkeiten (numerisch, grafisch, algebraisch, ...) um zu zeigen, dass gilt:

$\frac{2}{5} < \frac{3}{7}$

Nr. 4

Betrachten Sie die in den Abbildungen 62 bis 65 dargestellten Erklärungen zu nachstehender Aufgabe. Was sind die essenziellen Unterschiede zwischen den einzelnen Erklärungen? Welche Vor- und Nachteile haben die verschiedenen Erklärvarianten?

(A) Die Summe zweier ungerader Zahlen ist immer gerade.

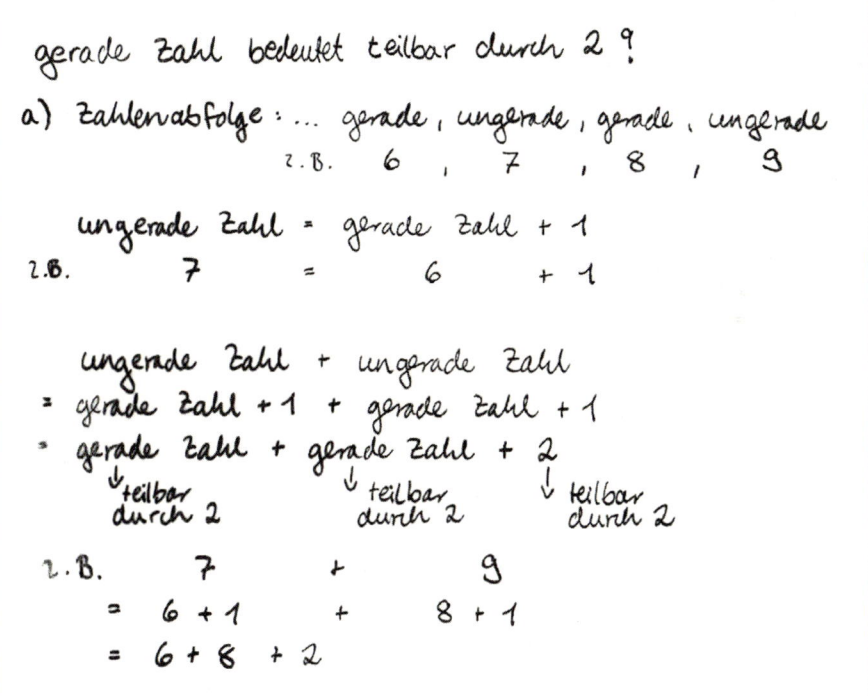

Abb. 62: Erklärung 1 zur Summen-Aufgabe

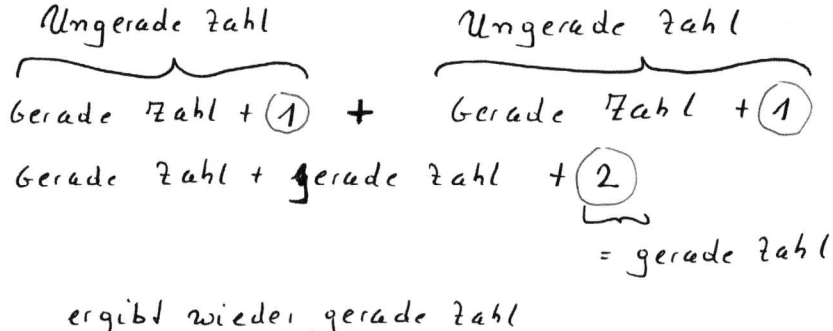

Abb. 63: Erklärung 2 zur Summen-Aufgabe

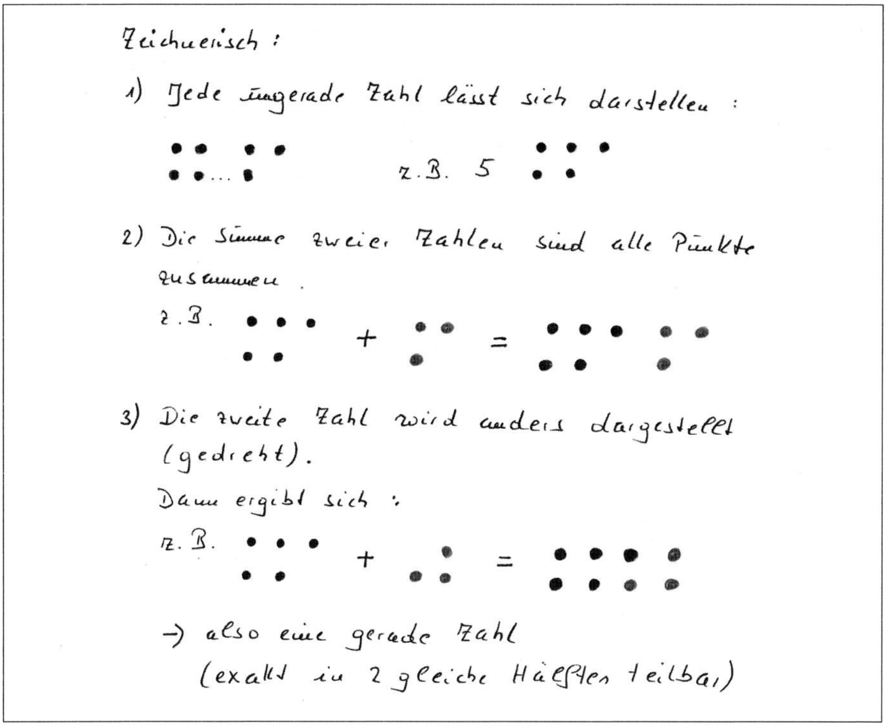

8 Erklären variieren

Zeichnerisch:
1) Jede ungerade Zahl lässt sich darstellen:

  • •   • •   • • •
  • • ... •   z.B. 5 • •

2) Die Summe zweier Zahlen sind alle Punkte zusammen.

  z.B. • • •   +   • •   =   • • •   • •
        • •   • •   • •   • •

3) Die zweite Zahl wird anders dargestellt (gedreht).
Dann ergibt sich:

  z.B. • • •   +   • •   =   • • • •
        • •   • •   • • • •

→ also eine gerade Zahl
(exakt in 2 gleiche Hälften teilbar)

Abb. 64: Erklärung 3 zur Summen-Aufgabe

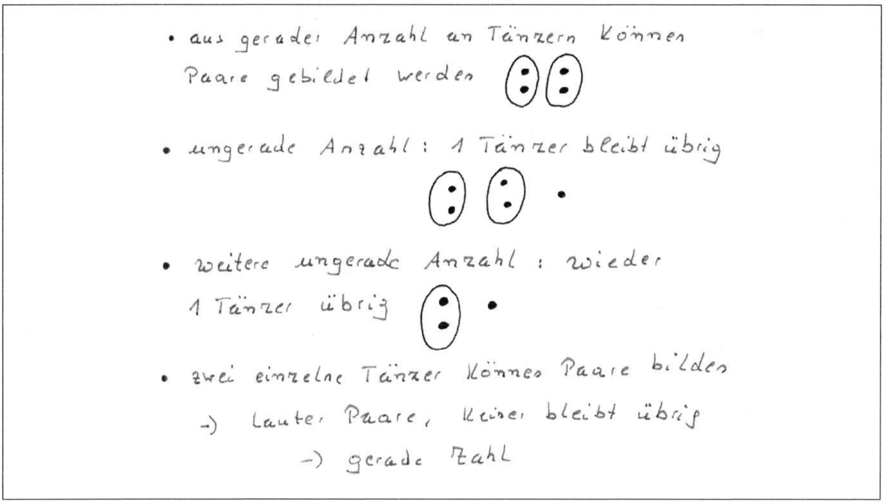

- aus gerader Anzahl an Tänzern können Paare gebildet werden (••)(••)

- ungerade Anzahl: 1 Tänzer bleibt übrig
  (••)(••) •

- weitere ungerade Anzahl: wieder 1 Tänzer übrig (••) •

- zwei einzelne Tänzer können Paare bilden
  → Lauter Paare, keiner bleibt übrig
  → gerade Zahl

Abb. 65: Erklärung 4 zur Summen-Aufgabe

Kapitel III: Erklären lernen

Nr. 5
Überlegen Sie sich unterschiedliche Möglichkeiten, Schülern den Begriff *Variable* zu erklären.

Nr. 6
Überlegen Sie sich unterschiedliche Möglichkeiten, Schülern die *Binomischen Formeln* zu erklären. Versuchen Sie, unterschiedliche Darstellungsformen zu verwenden (symbolisch, ikonisch).

Nr. 7
Beim Multiplizieren zweier echter Brüche wird das Ergebnis kleiner als beide Faktoren. Dagegen wird beim Multiplizieren zweier natürlicher Zahlen das Ergebnis größer oder es bleibt gleich. Erklären Sie anschaulich, warum das so ist.

9 Erklärkarten anfertigen

Erklärkarten sind Karten, die Schüler dazu anleiten, sich selbst Wissensinhalte zu erschließen. Sie beinhalten kurze, prägnante Aussagen zu (mathematischen) Inhalten und darüber hinaus manchmal auch weiterführende Arbeitsanregungen. Sie sind schülergerecht aufbereitet, adressatengerecht formuliert und visuell unterstützt. Nach der Bearbeitung einer Erklärkarte sollten die Schüler in der Lage sein, die jeweiligen Inhalte sich selbst und anderen Schülern zu erklären. Es gibt verschiedene Typen von Erklärkarten:

- Was-Erklärkarten: Karten, die Begriffe erklären
- Wie-Erklärkarten: Karten, die Prozesse, Abläufe, Strategien usw. erklären
- Warum-Erklärkarten: Karten, die Zusammenhänge und Abhängigkeiten erklären.

Beispiel

Was-Erklärkarte: Strecke

Eine Strecke ist eine gerade Linie, die einen Anfangs- und einen Endpunkt hat.
Sie ist die kürzeste Verbindung zwischen zwei Punkten.
Die Länge einer Strecke kann man messen.

Achtung Begriffe!

Strecke	A •————• B	Anfangs- und Endpunkt
Halbgerade Strahl	B •————	Anfangspunkt, kein Endpunkt
Gerade	————	weder Anfangs- noch Endpunkt

Wie-Erklärkarte: Wie zeichnet man einen Winkel von 42°?

Überlege zunächst, um welche Winkelart es sich bei einem Winkel von 42° handelt (spitz, stumpf, …).
Zeichne nun eine Gerade. Markiere einen Punkt S. Dieser Punkt S ist der Scheitel.
Lege das Geodreieck mit der längsten Seite (Hypotenuse) exakt an die Gerade an, sodass die 0 genau auf den Punkt S trifft.
Zeichne bei 42° eine kleine Markierung. Achte darauf, dass tatsächlich ein spitzer Winkel entsteht.

Verbinde den Punkt S mit deiner Markierung.

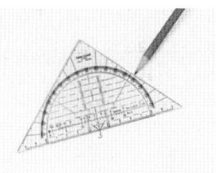
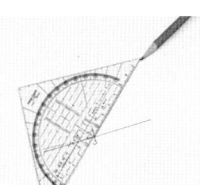

Warum-Erklärkarte: Warum kommt bei der Addition zweier ungerader Zahlen immer eine gerade Zahl heraus?

Schaue dir zunächst einmal dieses Zahlenbeispiel an. Was fällt dir auf?

3 + 5 = 8	13 + 15 = 28	113 + 115 = 128
5 + 7 = 12	15 + 17 = 32	115 + 117 = 132
7 + 9 = 16	17 + 19 = 36	117 + 119 = 136
...	...	...

Es kommen tatsächlich immer gerade Zahlen heraus.
Ob das bei allen Zahlen so ist?

Manchmal kann auch ein Bild eine Erklärung sein:

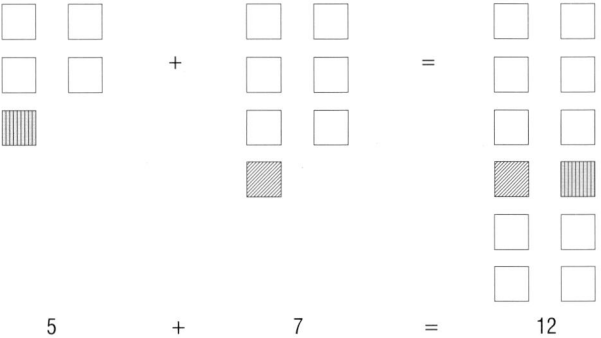

Auch hier siehst du, dass das Ergebnis gerade ist, da kein Quadrat alleine steht. Um dies für alle Zahlen zeigen zu können, kann man eine allgemeine
Gleichung aufstellen:

$(2x + 1) + (2y + 1) = 2x + 2y + 2 = 2 \cdot (x + y + 1)$

Gerade Zahlen kann man z. B. durch 2x oder 2y darstellen.
Eine ungerade Zahl kann man dann durch 2x + 1 oder durch 2y + 1 ausdrücken.
Gerade Zahlen sind immer durch 2 teilbar und ungerade Zahlen sind immer 1 mehr.
Der Ausdruck $2 \cdot (x + y + 1)$ gibt daher eine gerade Zahl an.

Lernpotenzial

Beim Erstellen von Erklärkarten ist es wichtig, sich in den jeweiligen Adressaten hineinzuversetzen. Die Formulierungen müssen angemessen gewählt werden, das heißt, es sollten einfache, nicht verschachtelte Sätze verwendet und komplexe Begriffe vermieden werden. Darüber hinaus müssen bereits vor der Anfertigung der Erklärkarten die elementaren Verstehenselemente herausgearbeitet und in eine logische Reihenfolge gebracht werden, um die Erklärkarte strukturiert und übersichtlich aufzubauen.

Sowohl Lehrer als auch Schüler können Erklärkarten anfertigen. Im Klassenzimmer können sie – ähnlich einem Karteikartensystem – als Wissensspeicher verwendet werden.

Lernangebot

Nr. 1
Stellen Sie sich vor, Sie möchten eine Was-Erklärkarte zum Thema *Winkel* entwickeln. Auf welche Begriffe und Veranschaulichungen würden Sie in jedem Fall zurückgreifen?

Nr. 2
Entwickeln Sie eine Erklärkarte, anhand derer sich Schüler den Begriff *Parallelogramm* selbst aneignen und im Anschluss daran erklären können. Diskutieren Sie Ihre Erklärkarte mit Ihren Lernpartnern.

Nr. 3
Entwickeln Sie eine Erklärkarte, anhand derer sich Schüler die *Flächeninhaltsformel eines Trapezes* selbst aneignen und im Anschluss daran erklären können. Diskutieren Sie Ihre Erklärkarte mit Ihren Lernpartnern.

Nr. 4
Finden Sie einen mathematischen Inhalt aus der Sekundarstufe I, zu dem sich alle drei Erklärkartentypen (Was-Erklärkarte, Wie-Erklärkarte, Warum-Erklärkarte) herstellen lassen. Fertigen Sie diese Erklärkarten an.

Nr. 5
Überlegen Sie (gemeinsam) anhand einer Beispielerklärkarte, was gelungene Erklärkarten für Sie ausmachen.

10 Erklären simulieren mit Vorbereitungszeit

In diesem Lernangebot soll es nun darum gehen, anhand spezieller Erkläraufgaben unterrichtliche Erklärsequenzen zu simulieren. Hierzu bieten sich beispielsweise typische Fehlvorstellungen oder Fehler von Schülern an. Der Erklärende bekommt eine kurze Vorbereitungszeit von ca. zehn Minuten, um sich auf die anstehende Erklärung vorzubereiten. Dazu stehen unterschiedliche didaktische Materialien, beispielweise Anschauungsmittel und entsprechende Schulbücher, zur Verfügung. Nach der Vorbereitungszeit stellt der Erklärende seine Version der Erklärung einer Hörerschaft so vor, als würde er sie einer Schulklasse oder einem Schüler präsentieren. Man kann dieses Szenario videografieren, um es anschließend für gemeinsame Analysen und Reflektionen zu verwenden.

Beispiel

Isabelle sagt: *„Ich verstehe nicht, dass man bei Aufgaben wie 25 · 10 oder 62 · 100 immer Nullen an die erste Zahl dranhängt."*

Wie würden Sie Isabelle helfen? Eine typische Antwort auf diese Frage wäre: Die Zahl zehn hat eine Null und daher muss eine Null hinten angehängt werden, während die Zahl hundert zwei Nullen hat und daher zwei Nullen angehängt werden. Die Schülerin würde sich vielleicht mit dieser Antwort zufriedengeben, Verständnis kann mithilfe dieser Erklärung allerdings nicht aufgebaut werden.

Es gibt jedoch auch die Möglichkeit, enaktiv (durch den Einsatz von Mehrsystemblöcken oder Plättchen) oder ikonisch (über eine Stellenwerttafel) vorzugehen. Für welche Erklärvariante man sich letztendlich entscheidet, hängt einerseits von Isabelle, andererseits aber auch von dem zur Verfügung stehenden Material ab.

Abb. 66: Stellenwerttafel mit Plättchen

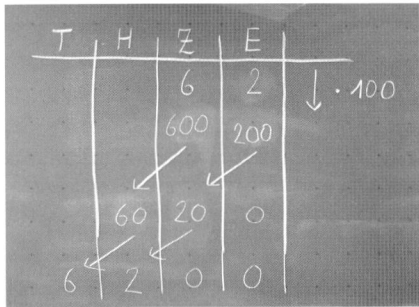 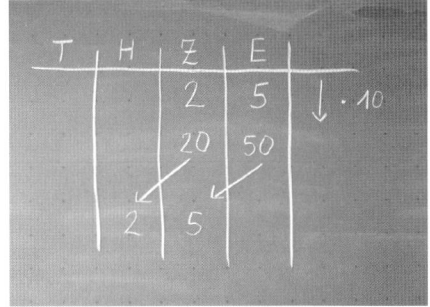

Abb. 67: Tafelbild 1 zur Stellenwerttafel   Abb. 68: Tafelbild 2 zur Stellenwerttafel

Lernpotenzial

Durch das Simulieren von Erklärungen außerhalb des Klassenzimmers lassen sich wesentliche Kriterien des Erklärens lernen. Simuliert man Erklärungen innerhalb einer Lerngruppe, beispielsweise in einer Lehrveranstaltung (Universität, Seminar, Schule), dann übernehmen die Zuhörer die Rolle der Schüler. In sich anschließenden Diskussionen kann reflektiert werden, ob Merkmale einer guten Erklärung berücksichtigt wurden oder nicht:

- Wurde zu Beginn der Erklärung ein Überblick gegeben im Sinne des Advance Organizer [1]?
- Wurde geeignetes Material ausgewählt?
- Wurde die Handlung am Material analog zur verbalen Erklärung ausgeführt?
- War das Tempo der Erklärung angemessen?
- War die gesamte Erklärung strukturell kohärent?
- Wurde eine schülergerechte Sprache verwendet?
- Wie wurde der Einsatz mit den Medien organisiert (OHP, Tafel usw.)?
- Wurden essenzielle Elemente der Erklärung sprachlich hervorgehoben (Sprachmodulation)?

Lernangebot

Nr. 1

Giuseppe notiert sich als Flächeninhaltsformel eines gleichschenkligen Trapezes: $A = (a + b) \cdot c$, wobei a und b für die beiden parallelen Seiten und c für die Höhe des Trapezes stehen sollen.

Zeigen Sie Giuseppe die korrekte Flächeninhaltsformel, indem Sie diese auf die Flächeninhaltsformel eines Rechtecks zurückführen. Für die Vorbereitung Ihrer Erklärung haben Sie ca. 10 Minuten Zeit. Stellen Sie dann Ihre Erklärung vor.

---

[1] Der Advance Organizer (Ausubel 1960) liefert einen kurzen Überblick über einen folgenden Inhalt, ist aber keine reine Zusammenfassung. Dieser Überblick dient dazu, Informationen schneller zu erfassen und Kenntnis darüber zu erlangen, welches Vorwissen aktiviert werden muss, um den Lernstoff möglichst effizient zu bearbeiten.

Kapitel III: Erklären lernen

Nr. 2
Für diese Übung steht in der linken Spalte einer Tabelle (Abbildung 69) die Verschriftlichung eines Videoausschnitts zur Verfügung.

Sprechertext	Veranschaulichung
Hier also unser allgemeines Trapez. Das ist die Variante, wo wir das Trapez verdoppeln. Das heißt, ich nehme ein zweites und lege das mal drüber, dass man erkennt, dass das auch ein Trapez ist. Und vor allem, dass das auch gleich ist.	
Dieses Trapez lege ich in dem Fall jetzt mal rechts an. Und dann erhalte ich ein Parallelogramm.	
Da kann ich diese Ecke hier rechts abschneiden und links hinlegen. Dann erhalte ich auch wieder ein Rechteck, das sich zusammensetzt aus meiner orangenen Grundseite a und der Seite c, die ja hier unten genauso lang ist wie hier oben. Also a plus c mal meine Höhe. Und weil das ja zwei Trapeze sind, muss ich durch 2 teilen.	

Abb. 69: Sprache und Veranschaulichung – Trapez

Überlegen Sie, wie mithilfe von didaktischem Material (Abbildung 70) die Aufgabe analog zur Sprache veranschaulicht werden kann. Zeichnen Sie – passend zum Text – jeweils die Abfolge des Materialeinsatzes in die rechte Spalte der Tabelle.

Abb. 70: Didaktisches Material

Nr. 3

Abbildung 71 zeigt in der linken Spalte eine Bildabfolge zur Herleitung der Flächeninhaltsformel eines Parallelogramms. Überlegen Sie, wie Sie sie passend zu den Bildern Ihre Erklärung für Schüler versprachlichen würden. Schreiben Sie den Text in die jeweiligen Felder. Tragen Sie Ihre Erklärung im Anschluss Ihrer Lerngruppe vor und diskutieren Sie diese.

Veranschaulichung	Sprechertext
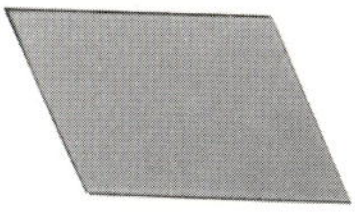	
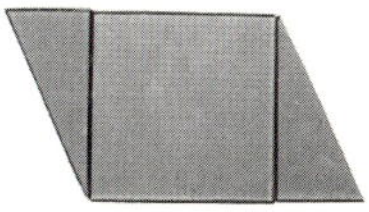	

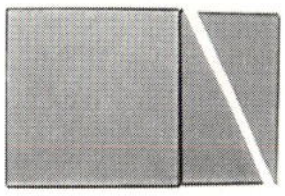	
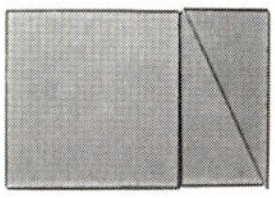	

Abb. 71: Sprache und Veranschaulichung – Parallelogramm

Nr. 4

Entwickeln Sie sowohl einen Sprechertext als auch eine Darstellungsabfolge, um das Volumen eines Prismas anhand des Cavalieri-Prinzips einzuführen.

11 Erklären simulieren ohne Vorbereitungszeit

Wie in Lernangebot 10 werden auch hier anhand von speziellen Erkläraufgaben Erklärsequenzen im Unterricht simuliert. Im Unterschied zu Lernangebot 10 besteht hier jedoch nicht die Möglichkeit, sich vorzubereiten. Die Erklärenden sollen vielmehr spontan, aus dem Stehgreif, Erklärungen formulieren. Auch in dieser Übung sollen Veranschaulichungen und sonstige didaktische Materialien bewusst eingesetzt und die Erklärung schülergerecht formuliert werden. Wenn möglich sollten die Erklärsequenzen videografiert werden, um sie anschließend für gemeinsame Analysen und Reflektionen nutzen zu können.

Beispiel

Während einer Einzelarbeitsphase fragt ein Schüler nach der Vorgehensweise beim Zeichnen überstumpfer Winkel (310°). Die Lehrperson entscheidet sich spontan, dem einzelnen Schüler dies noch einmal kurz und prägnant zu erklären. Es ist ihr wichtig, diese Vorgehensweise gut sichtbar und verständlich darzustellen.

Abb. 72: Stumpfer Winkel – Schritt 1

Zeichne zunächst einmal eine Gerade. Diese Gerade nennen wir jetzt mal g. Jetzt verlängern wir die Gerade mal und dann markieren wir einen Punkt. Diesen Punkt nennen wir S, weil es der Scheitelpunkt wird.

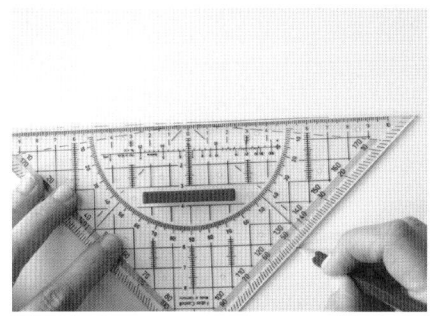

Abb. 73: Stumpfer Winkel – Schritt 2

Jetzt lege mal dein Geodreieck mit der längsten Seite – das ist die Hypotenuse – an deine Gerade g so an, dass der Nullpunkt genau an S anliegt.

Jetzt musst du dir überlegen, wie viel Grad du noch abtragen musst. Wir haben ja da oben einen gestreckten Winkel, das sind ja 180°. Dann fehlen also noch 130°. Und an dieser Stelle kannst du nun eine kleine Markierung einzeichnen.

Jetzt muss du nur noch den Scheitelpunkt S mit deiner Markierung verbinden und den Winkel richtig einzeichnen. Achte darauf, dass sich tatsächlich ein überstumpfer Winkel ergibt.

Abb. 74: Stumpfer Winkel – Schritt 3

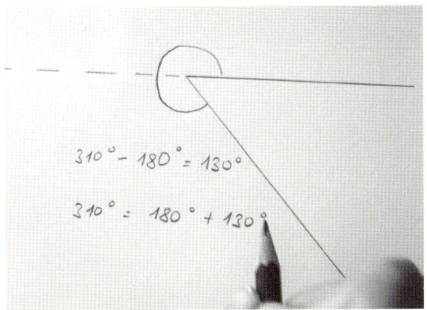

Und schon sind wir fertig.

Abb. 75: Stumpfer Winkel – Schritt 4

Lernpotenzial

Adhoc-Erklärungen stellen besonders hohe Ansprüche an den Erklärenden. Er kann sich nicht intensiv vorbereiten und ihm stehen in der Situation möglicherweise nicht genau die Materialien zur Verfügung, die er gerne einsetzen würde. Auch sollte seine Erklärung am Verständnisdefizit der Schüler ansetzen. Diese und weitere Aspekte machen Adhoc-Erklärungen komplex und erfordern ein hohes Maß an Flexibilität.

Durch das Simulieren von Adhoc-Erklärungen haben Erklärende die Möglichkeit, sich Handlungskompetenzen anzueignen, um für solche Situationen besser gerüstet zu sein. Auch hier können die Zuhörer einer Lerngruppe die Rolle der Schüler übernehmen. Anschließend kann man reflektieren, ob Merkmale einer guten Erklärung berücksichtigt wurden oder nicht:

▸ Wurde zu Beginn der Erklärung ein Überblick gegeben im Sinne eines *Advance Organizer* (vgl. S. 109)? Ist dieser zwingend erforderlich?
▸ Wurde geeignetes Material ausgewählt?
▸ Wurde die Handlung passend zur verbalen Erklärung am Material ausgeführt?
▸ War das Tempo der Erklärung angemessen?

Kapitel III: Erklären lernen

- War die gesamte Erklärung strukturell kohärent?
- Wurde eine schülergerechte Sprache verwendet?
- Wie wurde der Einsatz der Medien organisiert (OHP, Tafel usw.)?
- Wurden essenzielle Elemente der Erklärung sprachlich hervorgehoben (Sprachmodulation)?

Lernangebot

Nr. 1

Folgende Aufgabe wurde Schülern einer neunten Realschulklasse als Einführung in die Thematik *Aufstellen von quadratischen Gleichungen* vorgelegt:

> **A** Beim Beachvolleyball besteht das Spielfeld aus zwei quadratischen Hälften und hat eine Gesamtfläche von 128 m². Wie lang und wie breit ist das gesamte Spielfeld?

Im Folgenden ist der Anfang des sich entwickelnden Unterrichtsgespräches wiedergegeben:

> **D** L   Wie können wir für die Aufgabe nun eine Gleichung aufstellen?
>
> S 1 $2 \cdot x = 128$
>
> L   (notiert dies an der Tafel)
>
> S 2 $x \cdot x = 128$
>
> L   (notiert dies an der Tafel)

a) Stellen Sie die Situation nach. Wie reagieren Sie? Welches Feedback geben Sie den Schülern? Notieren Sie unterschiedliche Varianten.

b) Diskutieren Sie folgende Reaktion des Lehrers auf die Aussage von S 2:

> **D** L   Das ist ja das Gleiche, wie S 1 schon gesagt hat. Wir wollen aber auf den Flächeninhalt und dann ergibt sich eine Gleichung von: $2 \cdot x^2 = 128$.
> (Lehrer notiert die Gleichung an der Tafel.)

c) An der Tafel ist nun – bedingt durch das Unterrichtsgespräch – folgende Darstellung zu sehen. Wie lässt sich die Situation lösen?

$2 \cdot x = 128$
$x \cdot x = 128$
$2 \cdot x^2 = 128$

d) Es soll nun aufgeklärt werden, was einerseits die Schüler mit x gemeint haben und was andererseits der Lehrer unter x versteht. Schlüpfen Sie in die Rolle des Lehrers und klären Sie die Situation auf, indem Sie die Tafel zu Hilfe nehmen.

Nr. 2

Beim Besprechen der Modellierungsaufgabe „*Wie viele Personen befinden sich in einem 20 km langen Stau?*" kommt es zu nachfolgendem Dialog. Wie können Sie dem Schüler weiterhelfen?

D	S	Wir denken, ein Auto ist ungefähr 5 Meter lang und die Autobahn ist ja 20 Kilometer, also 20.000 Meter lang.
	L	Das habt ihr schon einmal gut gemacht! Und wo liegt jetzt das Problem?
	S	Jetzt wollen wir wissen, wie viele Autos da drinstehen. Wir wissen nicht, was wir da genau rechnen müssen.

Nr. 3

In Klasse 8 einer Hauptschule thematisiert der Lehrer die Oberfläche eines regelmäßigen Dreiecksprismas. Zuvor haben die Schüler gelernt, dass sich die Oberfläche eines Prismas aus der Grund- und Deckfläche sowie der Mantelfläche zusammensetzt. Nun geht es darum, die Oberfläche zu berechnen.

Auf die Frage, wie die Grundfläche des Dreiecksprismas berechnet wird, antwortet ein Schüler: a + b + c. Wie reagieren Sie? Was genau erklären Sie? Wie bauen Sie Ihre Erklärung auf und wo setzen Sie Ihren Schwerpunkt?

Nr. 4

Ein Schüler hat vergessen, wie m² in cm² umgerechnet werden. Erklären Sie!

Nr. 5

Ein Schüler hat gelernt, dass $4 + 3\frac{1}{3} = 7\frac{1}{3}$ sind. Bei der Multiplikation rechnet er nun $4 \cdot 3\frac{1}{3} = 12\frac{1}{3}$. Klären Sie ihn über seinen Irrtum auf.

Kapitel III: Erklären lernen

Nr. 6
Eine Schülerin hat, obwohl die Aufgabe bereits im Plenum besprochen wurde, nach wie vor Schwierigkeiten, die folgende Aufgabe zu lösen. Erklären Sie ihr in einem Zweiergespräch, wie man beim Lösen der Aufgabe vorgehen könnte.

> A ☐ ☐ ☐ ☐ Die nebenstehenden Quadrate stehen für $\frac{4}{5}$.
> ☐ ☐ ☐ ☐ Ergänze zu einem Ganzen.
> ☐ ☐ ☐ ☐
> ☐ ☐ ☐ ☐
> ☐ ☐ ☐ ☐ Abb. 76: Bruch-Darstellung

12 Mündliche Erklärsequenzen analysieren und reflektieren

Mathematikunterricht lebt von Gesprächen, vom Gedankenaustausch, von Argumentationen, Begründungen und Erklärungen. Es geht darum, zu verstehen und verstanden zu werden. Doch kaum ist ein Wort gesagt, ein Satz ausgesprochen, ist er für die Beteiligten oft schon nicht mehr greifbar, da Gesprochenes sich schnell verflüchtigt.

Viele im Unterricht ablaufende Interaktionen wären es aber wert, noch einmal überdacht zu werden. Insbesondere um professionell mit Interaktionen im Unterricht umgehen zu können, ergibt es daher Sinn, Unterrichtssituationen per Video zu dokumentieren, um diese dann zu Analyse- und Reflektionszwecken zur Verfügung zu haben.

Werden die aufgezeichneten Gespräche und Erklärungen verschriftlicht, dann können auch anhand dieser Transkripte Analysen und Reflektionen stattfinden. Transkripte haben gegenüber den eigentlichen Videodokumentationen den Vorteil, dass einerseits die Anonymität gewahrt bleibt, andererseits das gesprochene Wort auch dauerhaft zur Verfügung steht. Sie ermöglichen es daher, auch am eigentlichen Unterricht Unbeteiligten einen Einblick in authentische Gesprächssituationen zu geben und damit unter anderem auch die Komplexität von Dialogen und Gesprächen zu zeigen. Betrachtet man die Transkripte näher, dann lassen sich Einsichten in das Denken, in Argumentationsprozesse und die verwendete Sprache von Schülern gewinnen. Die Erkenntnisse können reflektiert werden, um daraus Schlüsse für das eigene Lehrerhandeln – beispielsweise das Erklären – zu ziehen.

12 Mündliche Erklärsequenzen analysieren und reflektieren

Beispiel

Bereits im Lernangebot 7 wurde die folgende Modellierungsaufgabe samt einem Transkriptausschnitt vorgestellt (vgl. S. 96 f.):

> **A** Wie lange braucht eine Firma, um alle Fenster des Hochhauses zu putzen?

Diese Aufgabe wurde in einer siebten Hauptschulklasse bearbeitet. Während der Bearbeitung und der Präsentation war auf einer OHP-Folie die Abbildung des Hochhauses präsent (vgl. S. 96 f.). Im Anschluss an die Bearbeitungsphase in Kleingruppen präsentierten Schüler ihre Lösungswege.

Der folgende Transkriptausschnitt zeigt den Beginn einer Schülererklärung innerhalb einer Präsentationsphase. Fabian spricht stellvertretend für seine Gruppe.

> **D** F   Also wir haben halt da, unsere Tischgruppe hat ausgerechnet, wie viel Fenster das Gebäude hier hat. Dann haben wir das gezählt. So, so eine Spalte hoch. Das haben wir gezählt (fährt mit dem Finger auf dem Bild, das ebenfalls auf dem OHP liegt, eine Spalte hoch). Das sind 50 Fenster. Dann haben wir das mal 12 genommen, weil das Haus 4 Seiten hat und dann hier das sind 3 so Spalten (fährt mit dem Finger wiederum auf dem Bild die Spalte nach). Dann haben wir 600 Fenster rausbekommen. Für eine Spalte arbeitet einer so 10 Stunden. 10 Stunden mal 12 sind 120 Stunden, also 5 Tage. […]

Zur Analyse dieses Transkripts werden die Kriterien guten Erklärens (vgl. Kapitel I.3) zugrunde gelegt. Betrachtet man zunächst die *strukturellen Kriterien* (Überblick zu Beginn einer Erklärung, strukturiertes Erklären, Fokussierung des Erklärgegenstands, …), dann fällt auf, dass Fabian zu Beginn der Erklärung keinen Überblick über den Lösungsweg gibt. Ein solcher könnte beispielsweise so aussehen: *„Unser Lösungsweg teilt sich auf in fünf Teilschritte: Zuerst haben wir überlegt, wie viele Fenster das ganze Gebäude hat, dann haben wir uns Gedanken gemacht, wie lange ein Mensch braucht, um ein Fenster zu putzen …"*. Hinsichtlich der eigentlichen Struktur der Erklärung wird deutlich, dass die einzelnen Teilschritte sinnvoll aufeinander aufgebaut sind und Begründungen für diese Teilschritte auch angegeben werden (*„Dann haben wir das mal 12 genommen, weil …"*). Gleichzeitig gelingt es Fabian, den eigentlichen Erklärgegenstand im Fokus zu behalten, ohne sich in Details zu verlieren oder mit einzelnen Teilen seiner Erklärung vom eigentlichen Erklärgegenstand abzuschweifen.

Untersucht man Fabians Erklärung in Bezug auf *inhaltliche Kriterien* (z. B. sprachliche Korrektheit, sachliche Korrektheit, stimmige Argumentation), so fällt auf, dass Fabian eine einfache Sprache mit kleinen, nicht verschachtelten Sätzen verwendet. Die einzelnen Sätze sind logisch miteinander verknüpft. Fabians Argumentation ist sinnvoll und für Schüler durchaus nachvollziehbar aufgebaut. Unterstützt wird die Erklärung durch entsprechende Gestik (vgl. weitere Kriterien). Teilschritte seiner Erklärung verdeutlicht Fabian, indem er während des Sprechens auf die OHP-Folie zeigt. Zusätzlich fällt auf, dass Fabian in seiner Erklärung die Wir-Form verwendet. Dies deutet darauf hin, dass Fabians Gruppe eine gemeinsame Lösung gefunden hat und Fabian sich selbst auch mit dieser identifizieren kann. Ein weiteres inhaltliches Kriterium für eine gute Erklärung ist sachliche Korrektheit. Hierzu lässt sich feststellen, dass der in der Gruppe gefundene Lösungsweg bis dahin plausibel und sachlich korrekt ist. Es gelingt Fabian, dies überzeugend darzustellen. Bedenkt man das Wesen von Modellierungsaufgaben, so gehört sicherlich auch die Angabe von Annahmen dazu. Fabian macht jedoch nicht deutlich, dass es sich bei den zwölf Fensterspalten um einen Wert handelt, der auf Annahmen beruht. Hier würde man sich wünschen, dass er dies in seiner Erklärung deutlicher herausstellt, zum Beispiel in der Art: *„ Wir denken, dass es auf jeder Seite des Hauses gleich viele Fenster gibt. Daher rechnen wir vier Mal drei Spalten, das sind insgesamt zwölf Fensterspalten."* Zusätzlich sollte Fabian erklären, wie die Annahme von 10 Arbeitsstunden pro Fensterspalte zustande kommt.

Zu den *adressatenbezogenen Kriterien* ist zunächst zu sagen, dass es sich in diesem Transkript um eine Erklärung handelt, die nicht durch ein Verständnisdefizit wie beispielsweise einen Schülerfehler oder eine Schülerfrage ausgelöst wurde. Vielmehr ergibt sich diese Erklärung aus der Aufforderung an die Schüler, anderen Schülern ihre Vorgehensweisen beim Bearbeiten der Modellierungsaufgabe zu erklären. Über die Ausrichtung der Erklärung am eigentlichen Verständnisdefizit lässt sich daher bei der Analyse keine Aussage treffen. Würden nach der Erklärung Fragen seitens der Schüler oder des Lehrers gestellt und daraufhin eine neue Erklärung folgen, dann könnte diese Erklärung wiederum analysiert werden, diesmal mit Blick auf eine Ausrichtung am eigentlichen Verständnisdefizit.

Lernpotenzial

Unterrichtsgespräche, die in schriftlicher Form vorliegen, eröffnen dem Leser die Möglichkeit, sich in Ruhe mit Interaktionen im Unterricht auseinanderzusetzen. Sie sind realistisch und gleichzeitig permanent greifbar. Transkripte können hinsichtlich unterschiedlicher Fragestellungen analysiert werden:
- Sind die einzelnen Gesprächssequenzen aufeinander bezogen und aufeinander abgestimmt? Liegt eine Passung vor?
- Handelt es sich bei den abgegebenen Erklärungen um *gute* Erklärungen? Welche Kriterien guten Erklärens werden berücksichtigt (strukturelle, inhaltliche, adressatenbezogene, weitere Kriterien; vgl. Kapitel I.3)?

12 Mündliche Erklärsequenzen analysieren und reflektieren

Lehrkräfte müssen im Unterricht in Gesprächen schnell und spontan auf Schülererklärungen reagieren, geeignete Fragen stellen, Impulse zum Weiterdenken geben und auch selbst (Adhoc-) Erklärungen abgeben. Durch die Analyse und die sich anschließende Reflexion können mögliche spätere Handlungsweisen und -alternativen diskutiert werden.

Lernangebot

Nr. 1
Betrachten Sie die in diesem Lernangebot auf S. 117 aufgeführte Hochhausaufgabe. Welche anderen Rechenwege fallen Ihnen zu dieser Aufgabenstellung ein? Entscheiden Sie sich für einen dieser Rechenwege. Wie genau würden Sie Ihren Rechenweg (mündlich) erklären?

Nr. 2
Der nachfolgende Transkriptausschnitt zeigt, wie Fabians Präsentation aus der oben gezeigten Beispielaufgabe weitergeht.

> **D**   F   [...] Ein Arbeiter putzt täglich zwölfeinhalb Fenster. Dafür braucht er zweieinhalb Stunden. Davon macht er 15 Minuten Pause. Ähm, vier Arbeiter putzen dann täglich 50 Fenster. Zehn Stunden. Und ein Arbeiter hat täglich 15 Minuten Pause. Dann haben wir 15 mal (Pause), 15 mal fünf gerechnet. Haben wir 75 Minuten rausbekommen. Und ein Arbeiter ähm hat dann in den 5 Tagen 75 Minuten Pause. Dann haben wir eben ausgerechnet, wie lang die jetzt für das Haus brauchen, also für das Hochhaus. Wir haben wieder eine Pluszahl von 121 Stunden und 15 Minuten rausbekommen. Das sind dann 5 Tage und 75 Minuten. Das war vielleicht ein bisschen wieder zu schnell?

▸ Verstehen Sie Fabians Erklärung?
▸ An welcher Stelle haben Sie Schwierigkeiten, Fabians Erklärung zu verstehen?
▸ Entwickeln Sie Fragen, die Sie an Fabian richten könnten und die ihn unterstützen könnten, seine Erklärung für Zuhörer transparenter zu machen.
▸ Welche Handlungsmöglichkeiten haben Sie im Umgang mit dieser Erklärsequenz von Fabian?
▸ Wie könnte Fabians Erklärung visuell unterstützt werden? Entwickeln Sie beispielsweise analog zum obigen Transkript einen Tafelanschrieb.

Nr. 3
In einer vierten Grundschulklasse sowie in einer siebten Hauptschulklasse wurde die ebenfalls aus Lernangebot 7 bekannte Riesen-Aufgabe bearbeitet (vgl. S. 94 f.).

Kapitel III: Erklären lernen

> **A** Wie groß ist der Riese, von dem man auf dem Bild nur den Stiefel sieht, in Wirklichkeit?

Die methodische Umsetzung erfolgte nach dem Ich-du-wir-Prinzip. Dabei handelt es sich um eine Methode, bei der sich Schüler zunächst in Einzelarbeit (Ich-Phase) mit einem Inhalt auseinandersetzen sollen. In einem zweiten Schritt tauschen sie ihre Ideen in Partnerarbeit (Du-Phase) aus. Abschließend erfolgt der Austausch im gesamten Plenum (Wir-Phase). Während der Bearbeitung der Aufgabe und der Präsentation war jeweils eine OHP-Folie mit dem Foto zu sehen.

In den Präsentationsphasen kam es zu unterschiedlichen Erklärungen, von denen einige im Folgenden abgedruckt sind:

Erklärung I – Grundschule Klasse 4

> **D** S Also, wir – als Erstes haben wir die Menschen ausgemalt, ausgemessen auf dem Bild und da kam 5 cm raus. Und dann haben, dann haben wir für jeden Zentimeter ... Also, wir haben die 1,80 m, die haben wir genommen und haben das in 5 Teile aufgeteilt. Wegen für 1 cm gab's dann ... 1 cm auf dem Bild wären in echt dann 60 cm gewesen. Dann haben wir ausgemessen, wie groß der Stiefel auf dem Bild ist, und der war 7 cm groß und dann haben wir 7 mal 6 gerechnet. Das waren 42 und haben noch 'ne 0 drangehängt. Und dann sind wir auf's Ergebnis 4,20 m gekommen. Diese 4,20 m haben wir dann mal 5 genommen, für die Beine 2, für den Oberkörper 2-mal den Stiefel und für den Kopf 1-mal den Stiefel und dann hab ich das mit 5 mal 4,20 m ausgerechnet. Dann kamen 21 m raus.

Erklärung II – Grundschule Klasse 4

> **D** S Also, ich hab 'nen Menschen genommen und dann hab ich aufs Bild geguckt – hab ich gesehen, aha, dieser Mensch, der ist ungefähr 1,80 m – da könnt man 1,5 Menschen nehmen und dann hab ich noch, ähm, hab ich 1,80 m durch zwei geteilt, das waren 90 Zentimeter. Dann hab ich hier die ersten beiden hier, hab ich das dann ausgerechnet. Also: 1,80 m + 90 cm. Bin ich auf 2,70 m gekommen. Und dann mal zwei genommen, weil der Stiefel, der war dann für mich 2,70 groß mal zwei ist für mich dann ungefähr der Körper.

12 Mündliche Erklärsequenzen analysieren und reflektieren

Erklärung III – Hauptschule Klasse 7

> **D** S   Also, ähm, wir haben erst einmal mit dem Lineal genommen und da hab ich erst mal, von Zentimeter hab ich zu Meter gemacht. Und äh, für mich war der Stiefel 8,7 cm und da hab ich das in Meter gemacht und zwei Stiefel, sind 17,4 m und ein Bein ist ca. 22,3 m. Und dann hab ich noch, ähh, den Oberkörper, das sind 20 m ungefähr und der Kopf 2 m und zusammengerechnet hab ich das und da kam 44,3 m raus.

Erklärung IV – Hauptschule Klasse 7

> **D** S   Äh, also, wir haben zuerst, wir haben zuerst geschätzt, wie groß die zwei Männer sein könnten. Die waren dann ungefähr, wir haben dann geschätzt, dass die ungefähr zwei Meter groß sind. Dann bis zum Stiefel sind es ja auch fast zwei Meter und bei der Spalte hier, jede Spalte ist zwei Zentimeter und das haben wir dann in zwei Meter umgewandelt. Und dann, es gibt ja acht Spalten, dann haben wir acht mal zwei gerechnet. Das waren dann 16 cm, dann haben wir die 16 cm in Meter umgewandelt. Das waren dann 16 Meter. Und die 16 Meter – der also, das Wesen äh auf dem Foto ist dann 16 Meter bei uns rausgekommen.

a) Analysieren Sie eine der Erklärsequenzen unter folgenden Kriterien (vgl. Kapitel I.3):

- Strukturelle Kriterien: Überblick zu Beginn der Erklärung, Strukturierung der Erklärung, Herausarbeitung der wesentliche Aspekte der Erklärung
- Inhaltliche Kriterien: Werden alle Elemente berücksichtigt, die für das Verstehen wichtig sind? Werden Annahmen beim Lösen von Modellierungsaufgaben erklärt? Sind diese plausibel? Werden einsichtige Begründungen geliefert? Ist die Erklärung sachlich korrekt?
- Adressatenbezogene Kriterien: Ist die (Fach-)Sprache angemessen? Wird tiefer gehend erklärt oder ist die abgegebene Erklärung eher oberflächlich?

b) Analysieren Sie eine weitere Erklärsequenz in folgenden Arbeitsschritten:

- Markieren Sie zunächst die Stellen im Transkript, die für Sie nicht klar nachvollziehbar sind.
- Überlegen Sie sich eine konkrete Fragestellung oder einen Impuls, durch die oder den Sie anregen könnten, diesen Teil der Erklärung nochmals aufzugreifen und hervorzuheben.
- Notieren Sie eine Erklärung, die Sie als hinreichend erachten würden.

Nr. 4
Mit den in Nr. 3 dargestellten Schülererklärungen wurde in der konkreten Unterrichtssituation unterschiedlich umgegangen. Die Gespräche, die sich im Anschluss an die erste Erklärung der Schüler ergaben, sind im Folgenden für zwei der obigen Transkripte dargestellt. Analysieren Sie sie im Hinblick auf das Lehrerhandeln.

Weiterführung der Erklärung I – Grundschule Klasse 4

(D) S 1   Also, wir – als Erstes haben wir die Menschen ausgemalt, ausgemessen auf dem Bild und da kam 5 cm raus. Und dann haben, dann haben wir für jeden Zentimeter ... Also, wir haben die 1,80 m, die haben wir genommen und haben das in 5 Teile aufgeteilt. Wegen für 1 cm gab's dann ... 1 cm auf dem Bild wären in echt dann 60 cm gewesen. Dann haben wir ausgemessen, wie groß der Stiefel auf dem Bild ist, und der war 7 cm groß und dann haben wir 7 mal 6 gerechnet. Das waren 42 und haben noch 'ne 0 drangehängt. Und dann sind wir auf's Ergebnis 4,20 m gekommen. Diese 4,20 m haben wir dann mal 5 genommen, für die Beine 2, für den Oberkörper 2-mal den Stiefel und für den Kopf 1-mal den Stiefel und dann hab ich das mit 5 mal 4,20 m ausgerechnet. Dann kamen 21 m raus.

L   Habt ihr das verstanden?

S 2   Ja. Ich schon.

S 3   Nee.

L   Kannst du vielleicht an der Tafel noch mal, ähm, auch Zeichnungen dazu machen, wie du dir das gedacht hast? Du hast gesagt, du hast, ähm, irgendwie mit fünf Teilen und dann hast du angenommen, das ist so groß und das ist so groß. Kannst du das da noch mal an der Tafel zeigen?

S 1   Also, wenn das hier neben mir der Stiefel ist, von der Höhe her, dann mal ich hier daneben jetzt den Mensch. Das hier ist jetzt der Stiefel.

L   Und dann schätzt man so in etwa, dass man für die Beine zwei Mal den Stiefel braucht. Also wieder das erste Mal den Stiefel und wir nehmen das zweite Mal den Stiefel. Da das Bein so in etwa. Und dann nimmt man für den Oberkörper noch zwei Mal den Stiefel, also hier das dritte und dann das vierte Mal. Und dann hat man den Oberkörper. Hier daneben halt noch mal das Bein. Und hier oben nimmt man für den Kopf, nimmt man halt noch mal den Stiefel wegen dem Hals noch von der Höhe her? (macht eine Skizze von den Überlegungen zur Größe des Riesen an der Tafel)

> Also, der Simon – du hast ja das so gedacht, wie ich das verstanden hab. Du hast die Figur, die man nicht sieht, in fünf Teile eingeteilt und hast angenommen, also, jedes Teil ist so groß wie ein Stiefel. Und wie groß ist bei dir jetzt ein Stiefel?

Weiterführung der Erklärung III – Hauptschule Klasse 7

S 1 Also, ähm, wir haben erst einmal mit dem Lineal genommen und da hab ich erst mal von Zentimeter hab ich zu Meter gemacht. Und ähm, für mich war der Stiefel 8,7 cm und da hab ich das in Meter gemacht und zwei Stiefel, sind 17,4 m und ein Bein ist ca. 22,3 m. Und dann hab ich noch, ähm, den Oberkörper, das sind 20 m ungefähr und der Kopf 2 m und zusammengerechnet hab ich das und da kam 44,3 m raus.

L Mhm. Wer aufgepasst hat, was hat denn die Anja gemacht? Simon?

S 2 Also, sie hat ausgerechnet, wie groß so ein Stiefel von der Höhe her ist. Also, von der Höhe und dann hat sie den Körper etwa in Teile eingeteilt und hat so oft, wie sie das reingetan hat, den Stiefel mal genommen.

L Hat sie was anderes gemacht als du? Von der Idee her?

S 2 Sie hat eigentlich das Gleiche gemacht.

L Du hast ausgerechnet, dass zwei Stiefel 17,4 was – Meter sind?

S 1 Ja.

L Warum nimmst du denn dann 22,3 m für ein Bein?

S 1 Weil ich dachte, der Stiefel, der ist ja groß und ähm, wenn man bei mir zum Beispiel den Stiefel ungefähr bis hier oder so nimmt, und dann – und dann hab, ich glaub, ich hab da gedacht, bis zum Knie oder so, weil das stimmt, das Bein ist ein bisschen länger.

L Du hast einfach das Stück, was dir da noch gefehlt hat, noch dazugenommen.

Nr. 5

In einer siebten Realschulklasse wurde folgende Aufgabe zum Gleichungsverständnis bearbeitet:

Kapitel III: Erklären lernen

A Sabine und Markus haben 74 Euro gespart und wollen diese für wohltätige Zwecke spenden. Markus möchte doppelt so viel nach Afrika spenden wie nach Südamerika. Sabine möchte 18 Euro mehr nach Indien spenden als Markus nach Südamerika.
Sabine schreibt auf: $2 \cdot x + x + x + 18 = 74$
Könnt ihr die Gleichung, die Sabine aufgeschrieben hat, erklären? Was bedeutet x?

a) Überlegen Sie sich, wie Sie die Gleichung erklären würden, und notieren Sie Ihre Erklärung.
b) Nachdem die Schülerinnen und Schüler sich in einer Arbeitsphase Gedanken zu dieser Aufgabe gemacht hatten, wurde diese im Plenum noch einmal thematisiert. Dabei entstand ein Dialog, der durch das folgende Transkript wiedergegeben wird:

D L   Und jetzt versuch mal, die Gleichung zu erklären.
Oben steht die Gleichung 2x plus x plus x plus 18 gleich 74.

S   Ja, der Markus möchte doppelt so viel ähm nach Afrika spenden wie nach Südamerika.

L   Also?

S   Deshalb zwei x und nach Südamerika möchte der einfach irgend 'ne Zahl spenden und die Sabine, die möchte 18 Euro mehr nach Indien spenden als Markus nach Südamerika!

L   Also? Sag das mal als Term quasi. Wenn sie 18 Euro mehr spenden möchte wie der Markus nach Südamerika?

S   x plus 18.

L   Genau. Und alles zusammen?

S   2x plus x plus x plus 18 gleich 74.

L   Sollen 74 Euro sein.

S   Steht ja da.

L   Steht da.

Analysieren Sie das Transkript. Vergleichen Sie dieses mit Ihrer eigenen Erklärung aus a).

Ist die Erklärung des Schülers verständlich und nachvollziehbar? Wird die Bedeutung der Variablen x erklärt?

c) Wie könnte die sprachliche Erklärung visuell sinnvoll ergänzt werden? Stellen Sie Überlegungen an und diskutieren Sie diese mit Ihren Lernpartnern.

13 Schriftliche Erklärungen analysieren

Nachfolgend geht es darum, von Erwachsenen (z. B. Lehrern, Lehramtsstudierenden) verfasste, schriftliche Erklärungen zu untersuchen. An zwei Beispielaufgaben – eine aus dem Bereich der Geometrie und eine aus dem Bereich der Arithmetik – lässt sich zeigen, wie Erklärungen hinsichtlich der Kriterien guten Erklärens analysiert werden könnten (Strukturiertheit, Stringenz, fachliche Korrektheit, Anschaulichkeit, sprachliche Aspekte usw.).

Beispiel 1

Ein Schüler hat verstanden, dass mithilfe der Mittelsenkrechten der Umkreismittelpunkt konstruiert werden kann. Er fragt aber, warum man dafür die Mittelsenkrechten und nicht andere „Linien" im Dreieck benutzen kann. Folgende Erklärideen stehen zur Diskussion:

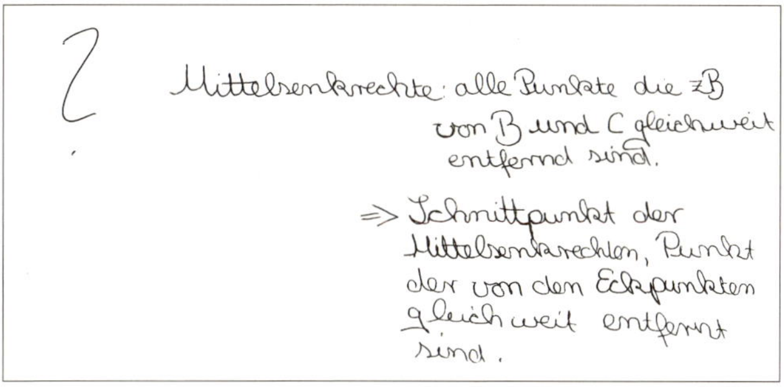

Abb. 77: Erklärung 1 zur Umkreismittelpunkt-Aufgabe

Bei diesem Erklärversuch weist das Fragezeichen zunächst darauf hin, dass diese Fragestellung für den Erklärenden scheinbar nicht so einfach zu beantworten ist. Es fällt auf, dass die Erklärung sehr kurz gehalten und in Schlagwörtern bzw. in unvollständigen Sätzen formuliert ist. Der Erklärende scheint nicht in der Lage zu sein, eine adressatengerechte und zielführende Erklärung zu geben. Er greift stattdessen unmittelbar auf eine Definition zurück. Möglicherweise versucht er, das Problem zu reduzieren, indem er zunächst lediglich von der Strecke $\overline{BC}$ ausgeht.

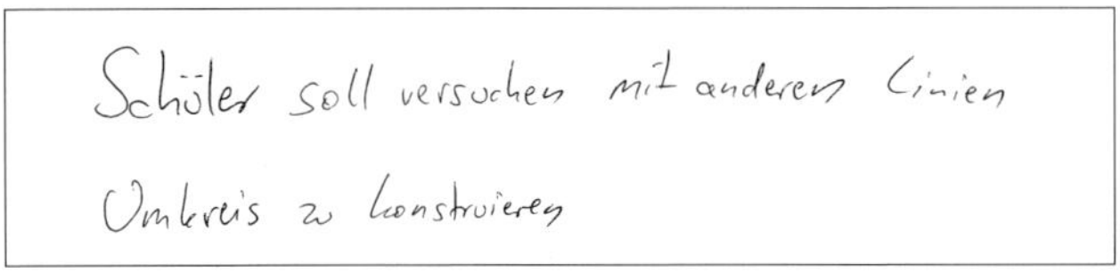

Kapitel III: Erklären lernen

> Schüler soll versuchen mit anderen Linien
> Umkreis zu konstruieren

Abb. 78: Erklärung 2 zur Umkreismittelpunkt-Aufgabe

Abbildung 78 zeigt einen Erklärversuch, in dem ebenfalls die eigentliche Frage unbeantwortet bleibt. Vielmehr wird dem Schüler ein neuer Arbeitsauftrag gegeben: Versuche, mit anderen „Linien" einen Umkreis zu konstruieren. Angenommen, der Schüler konstruiert nun beispielsweise die Winkelhalbierenden, die sich in einem Punkt schneiden, so weiß er dann zwar, dass diese Strategie nicht zum Umkreis führt, die eigentliche Frage nach der Begründung bleibt jedoch unbeantwortet.

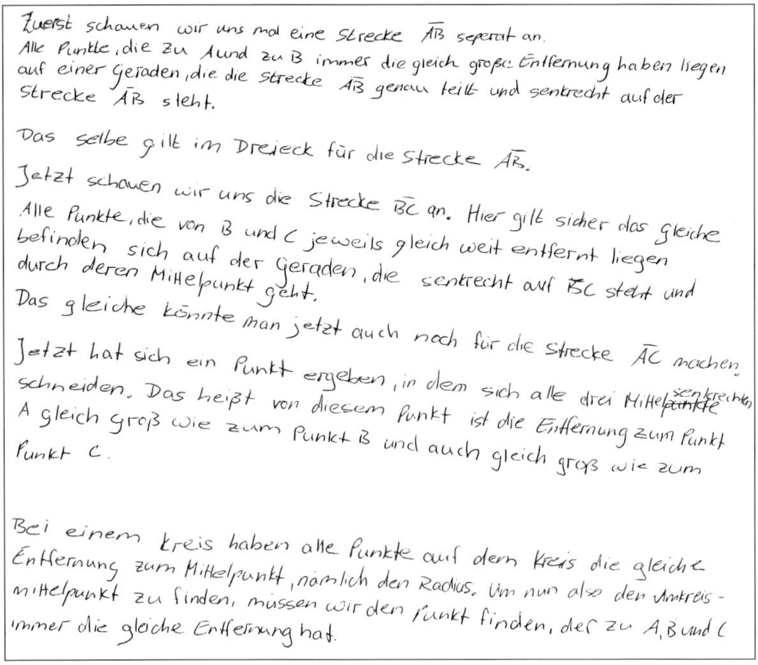

> Zuerst schauen wir uns mal eine Strecke $\overline{AB}$ seperat an.
> Alle Punkte, die zu A und zu B immer die gleich große Entfernung haben liegen auf einer Geraden, die die Strecke $\overline{AB}$ genau teilt und senkrecht auf der Strecke $\overline{AB}$ steht.
>
> Das selbe gilt im Dreieck für die Strecke $\overline{AB}$.
>
> Jetzt schauen wir uns die Strecke $\overline{BC}$ an.
> Alle Punkte, die von B und C jeweils gleich weit entfernt liegen befinden sich auf der Geraden, die senkrecht auf $\overline{BC}$ steht und durch deren Mittelpunkt geht.
> Das gleiche könnte man jetzt auch noch für die Strecke $\overline{AC}$ machen.
> Jetzt hat sich ein Punkt ergeben, in dem sich alle drei Mittelsenkrechten schneiden. Das heißt von diesem Punkt ist die Entfernung zum Punkt A gleich groß wie zum Punkt B und auch gleich groß wie zum Punkt C.
>
> Bei einem Kreis haben alle Punkte auf dem Kreis die gleiche Entfernung zum Mittelpunkt, nämlich den Radius. Um nun also den Umkreismittelpunkt zu finden, müssen wir den Punkt finden, der zu A, B und C immer die gleiche Entfernung hat.

Abb. 79: Erklärung 3 zur Umkreismittelpunkt-Aufgabe

In der Erklärung in Abbildung 79 wird zunächst das Problem präzisiert, indem das Gesuchte (Umkreis) und dessen Eigenschaften (gleicher Abstand des Mittelpunktes zu A, B und C) herausgearbeitet werden. Im Anschluss daran wird das komplexe Problem reduziert, Teilaspekte werden betrachtet. Dazu wird zunächst die Strecke $\overline{AB}$ fokussiert und das Konzept der Mittelsenkrechten geklärt, ohne den Begriff selbst zu verwenden. Diese Teilerklärung wiederholt sich für die Strecken $\overline{AC}$ und $\overline{BC}$. Durch die anschließende Kombination der Teilaspekte wird wieder auf das eigentliche Problem und dessen Lösung geschlossen.

Worin unterscheiden sich die vorausgehenden Erklärversuche? Während im ersten Erklärversuch keine Erklärung abgegeben wird, ist im zweiten zumindest ein Hinweis für eine mögliche weitere Vorgehensweise aufgeführt. Lediglich im letzten Erklärversuch wird tatsächlich eine Warum-Erklärung abgegeben, die strukturiert aufbereitet ist und zudem zeigt, dass fachliches und fachdidaktisches Wissen vorhanden sind und miteinander verknüpft werden.

Beispiel 2

Hatice, ein Mädchen aus einer fünften Hauptschulklasse, bekommt bei der Aufgabe 75 : 15 als Ergebnis 8 heraus. Als die Lehrperson nachfragt, wie sie denn auf dieses Ergebnis kommt, rechnet Hatice 70 : 10 = 7 und 5 : 5 = 1. Dann addiert sie die beiden Zwischenergebnisse und erhält folgerichtig als Ergebnis 8. Zu dieser Situation sind im Folgenden unterschiedliche Erklärungen aufgeführt, die Hatice weiterhelfen sollen. Im Anschluss an jede Erklärung werden erste Analysen sowie mögliche weitere Diskussionsanlässe angegeben.

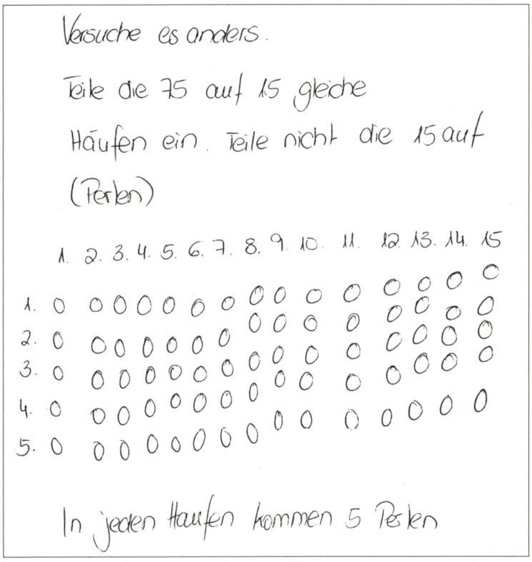

Abb. 80: Erklärung 1 zur Divisions-Aufgabe

Bei dieser Erklärvariante (Abb. 80) sollen 75 Perlen gerecht auf 15 Haufen verteilt werden. Hier wird für die Erklärung auf eine Grundvorstellung der Division, das Verteilen, zurückgegriffen. Eine ikonische Darstellung unterstützt die verbale Beschreibung.

Kapitel III: Erklären lernen

- Möglicherweise soll diese Erklärung im Unterricht durch eine konkret ausgeführte Handlung umgesetzt werden.
- Überlegenswert ist, ob die Grundvorstellung des Verteilens bei dieser Aufgabe zielführend ist oder ob die Vorstellung des Aufteilens möglicherweise geeigneter wäre.
- Hier könnte sich eine Diskussion anschließen, wie das Zahlenmaterial verändert werden könnte, sodass die Grundvorstellung des Verteilens sinnvoller einzusetzen ist.

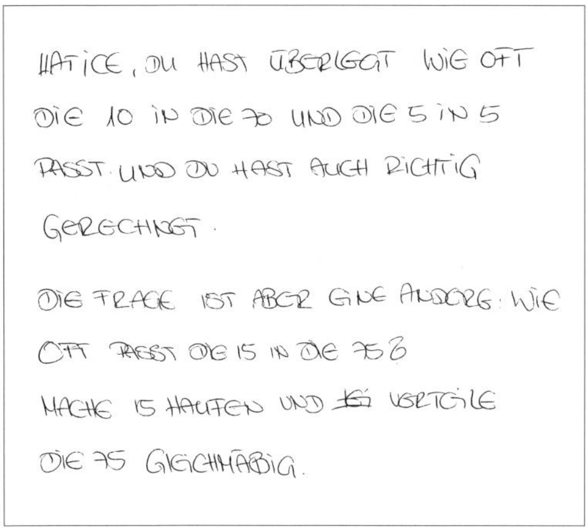

> HATICE, DU HAST ÜBERLEGT WIE OFT DIE 10 IN DIE 70 UND DIE 5 IN 5 PASST UND DU HAST AUCH RICHTIG GERECHNET.
>
> DIE FRAGE IST ABER EINE ANDERE: WIE OFT PASST DIE 15 IN DIE 75?
>
> MACHE 15 HAUFEN UND VERTEILE DIE 75 GLEICHMÄSSIG.

Abb. 81: Erklärung 2 zur Divisions-Aufgabe

In Abbildung 81 werden die Gedanken der Schülerin aufgenommen und der Schülerin wird versichert, dass das Berechnen der Zwischenergebnisse zunächst richtig gewesen sei. Die Erklärung geht dann jedoch in eine andere Richtung als Erklärung 1. Hier wird wiederum eine Grundvorstellung der Division angesprochen. Es geht dabei um die Frage, wie oft der Divisor in dem Dividenden enthalten ist.

- Diese Erklärung wird nicht durch eine Veranschaulichung ergänzt. Hier sollte diskutiert werden, welche ikonische Darstellung hilfreich sein könnte.
- Ein mögliche konkrete Handlung, die von Schülern ausgeführt werden könnte, wird nicht genannt, wäre aber auch überlegenswert.
- Abzuwägen ist, welche Grundvorstellung (vgl. Erklärung 1) zielführender ist.

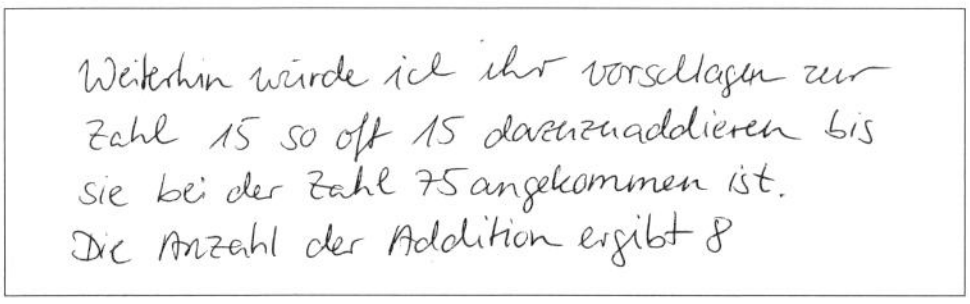

> Weiterhin würde ich ihr vorschlagen zur Zahl 15 so oft 15 dazuzuaddieren bis sie bei der Zahl 75 angekommen ist. Die Anzahl der Addition ergibt 8

Abb. 82: Erklärung 3 zur Divisions-Aufgabe

13 Schriftliche Erklärungen analysieren

Die Erklärung in Abbildung 82 impliziert die Grundvorstellung des Enthaltenseins. Realisiert wird dieses durch den Rückgriff auf die fortgesetzte Addition.

Mögliche Fragen, die sich hieraus für die Schülerin ergeben könnten, sind:
- Was hat die Addition mit der Division zu tun?
- Warum ist die Anzahl der Additionsschritte das Ergebnis einer Geteiltaufgabe?
- Gilt das für alle Geteiltaufgaben?
- Macht diese Vorgehensweise bei allen Aufgaben Sinn? Wie ist dies beispielsweise bei der Aufgabe 153 : 3 ?

> Du kannst selbst überprüfen, ob dein Ergebnis richtig ist
>
> 75 : ⑤ = 8, denn wenn du die 15, also den Teiler mit dem Ergebnis 8 multiplizierst muss dies 75 geben
>
> 15 · 8 = 120, also ist dein Ergebnis falsch

Abb. 83: Erklärung 4 zur Divisions-Aufgabe

In Erklärung 4 (Abb. 83) wird die Umkehraufgabe zur Division als Möglichkeit zur Selbstüberprüfung angesprochen. Sie wird auch konkret angegeben. Aus ihr lässt sich folgern, dass das Ergebnis falsch sein muss.

- Diese Erklärung zeigt lediglich auf, dass das Ergebnis nicht plausibel ist.
- Eine konkrete Hilfestellung, die für die eigentliche Lösung der Aufgabe hilfreich sein könnte, wird nicht gegeben.

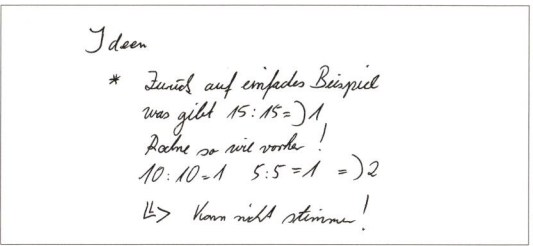

Abb. 84: Erklärung 5 zur Divisions-Aufgabe

In Erklärung 5 (Abb. 84) wird das didaktische *Prinzip der Rückschaltung* aufgegriffen. Anhand eines einfacheren Zahlenbeispiels wird die Rechenoperation der Division analog zu Hatices Vorgehen durchgeführt. Es wird aufgezeigt, dass die Rechenstrategie von Hatice nicht zur richtigen Lösung führt.

Kapitel III: Erklären lernen

- Diese Erklärung zielt ebenfalls auf die Nichtplausibilität des Rechenweges ab.
- Bei dieser Erklärung wird wiederum aufgezeigt, dass das Ergebnis nicht stimmen kann.
- Eine konkrete Hilfestellung zur Lösung der Aufgabe wird wiederum nicht gegeben.

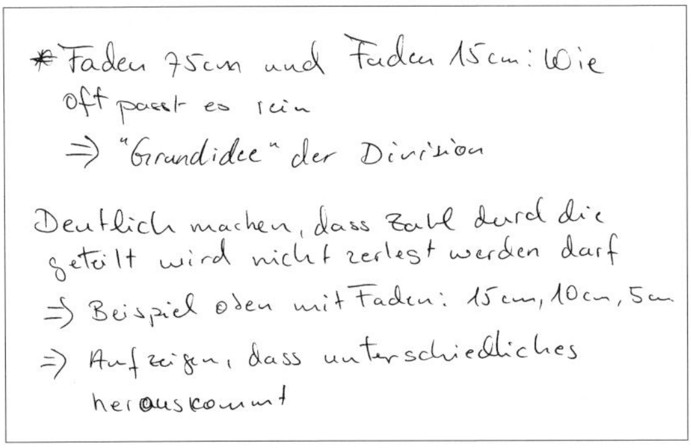

> ∗ Faden 75cm und Faden 15cm: Wie oft passt es rein
> ⇒ "Grundidee" der Division
>
> Deutlich machen, dass Zahl durch die geteilt wird nicht zerlegt werden darf
> ⇒ Beispiel oben mit Faden: 15cm, 10cm, 5cm
> ⇒ Aufzeigen, dass unterschiedliches herauskommt

Abb. 85: Erklärung 6 zur Divisions-Aufgabe

In Erklärung 6 (Abb. 85) wird wie in der Erklärung 3 auf die Grundvorstellung des Enthaltenseins zurückgegriffen. Im Unterschied zur Erklärung 1, bei der eine flächige Vorstellung zugrunde liegt (Perlen in 15 Spalten zu je 5), wird hier ein lineares Modell benutzt (Fadenlängen 75 cm sowie 15 cm).

- Welche Vor- und Nachteile haben lineare bzw. flächige Modelle?
- Welche Erklärvarianten sind aufgrund der Gegebenheiten (Vorhandensein von Materialien im Klassenzimmer, Zeitaufwand usw.) real durchführbar?

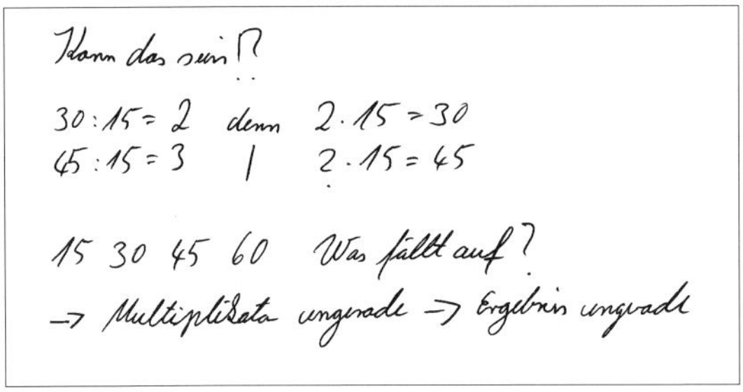

> Kann das sein?!
> $30 : 15 = 2$ denn $2 \cdot 15 = 30$
> $45 : 15 = 3$ | $2 \cdot 15 = 45$
>
> 15 30 45 60   Was fällt auf?
> → Multiplikator ungerade → Ergebnis ungerade

Abb. 86: Erklärung 7 zur Divisions-Aufgabe

Wie in der Erklärung 5 kommt in Erklärung 7 (Abb. 86) zunächst das Rückschaltprinzip zum Tragen. Begonnen wird bei der Aufgabenstellung 30 : 15. Gleichzeitig wird die Umkehroperation hierzu angesprochen. Sowohl die Divisionsaufgaben als auch die Multiplikationsaufgaben werden sukzessive entlang der Vielfachen der Zahl 15 aufgebaut. An dieser Stelle endet die Erklärung jedoch noch nicht. Vielmehr wird ein entstehendes Muster erklärt: Wenn die Zahl 15 mit einem ungeraden Faktor multipliziert wird, dann ist das Ergebnis auch ungerade. Wird diese Tatsache berücksichtigt und unter Beachtung der Umkehroperation auf die eigentliche Aufgabe übertragen, so kann beim Dividieren durch eine ungerade Zahl keine gerade Zahl entstehen.

- Diese Erklärung zielt wiederum auf die Nichtplausibilität des Rechenweges ab.
- Sie zeigt auf, dass das Ergebnis nicht stimmen kann und geht über die Erklärung 4 hinaus, bezieht sich aber ebenfalls auf die Umkehroperation. Das Rückschaltprinzip wird hier in dem Sinne verwendet, dass auf die ersten Bausteine der 15-er Reihe zurückgegriffen wird (15 · 1; 15 · 2; ...), um das Muster herauszuarbeiten. In Erklärung 5 wird das Rückschaltprinzip dagegen so verwendet, dass analog zu Hatices Vorgehensweise anhand eines einfacheren Zahlenbeispiels erklärt wird.

Lernpotenzial

Beim Analysieren schriftlicher Erklärungen muss man sich zunächst in die Gedanken eines Erklärenden tiefer hineindenken und überlegen, ob die vorliegende Erklärung den Kern des Verständnisproblems trifft, ob sie verständlich und auch zielgerichtet ist. Dabei werden oft Lücken aufgedeckt, die man selbst schließen muss, um den Gedankengang nachvollziehen zu können. Dies führt gleichzeitig zu der Erkenntnis, dass auch die eigenen Erklärungen möglicherweise Lücken aufweisen, die man selbst jedoch nicht wahrnimmt. Liegen zu ein und demselben Erklärgegenstand unterschiedliche Erklärvarianten vor, öffnet die Analyse den Blick für die Vielfalt möglicher Erklärungen und auch für die Komplexität scheinbar einfacher Erklärgegenstände. Darüber hinaus lassen sich auf diese Weise unterschiedliche Erklärvarianten vergleichen und mögliche Vor- und Nachteile abwägen.

Lernangebot

Die Abbildungen 87 bis 95 zeigen schriftliche Erklärungen. Erklärt wird, warum mit 2,56 m dasselbe gemeint ist wie mit 2 m 56 cm.

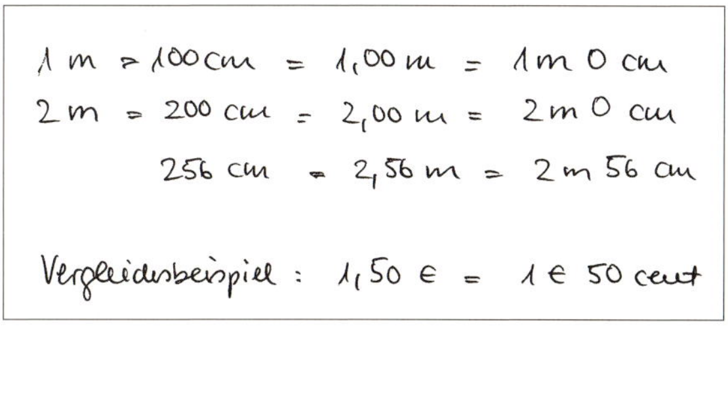
1 m = 100 cm = 1,00 m = 1 m 0 cm
2 m = 200 cm = 2,00 m = 2 m 0 cm
256 cm = 2,56 m = 2 m 56 cm

Vergleichsbeispiel : 1,50 € = 1 € 50 cent

Abb. 87: Erklärung 1 zur Längen-Aufgabe

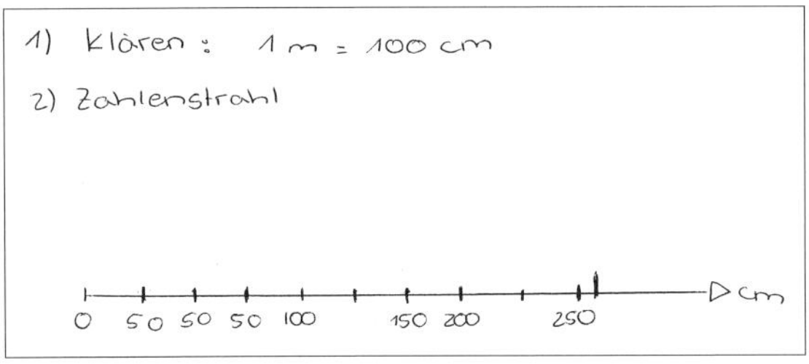

Kapitel III: Erklären lernen

```
1) Klären:   1 m = 100 cm
2) Zahlenstrahl



    ├──┼──┼──┼──┼───┼───┼┼──────▷ cm
    0  50 50 50 100  150 200 250
```
Abb. 88: Erklärung 2 zur Längen-Aufgabe

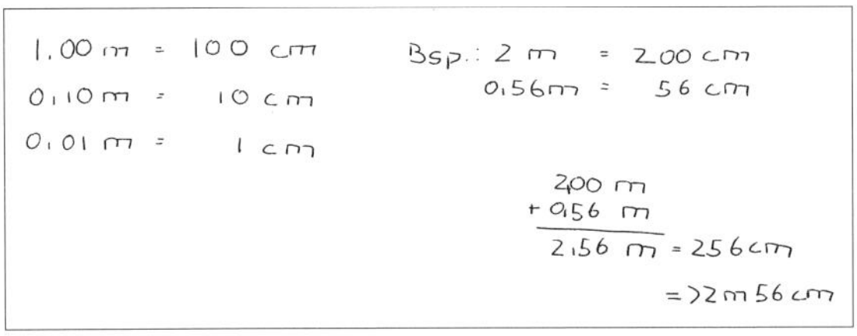

```
1,00 m = 100 cm      Bsp.: 2 m   = 200 cm
0,10 m =  10 cm            0,56 m =  56 cm
0,01 m =   1 cm

                           200 m
                         + 0,56 m
                         ─────────
                           2,56 m = 256 cm
                                  = 2 m 56 cm
```
Abb. 89: Erklärung 3 zur Längen-Aufgabe

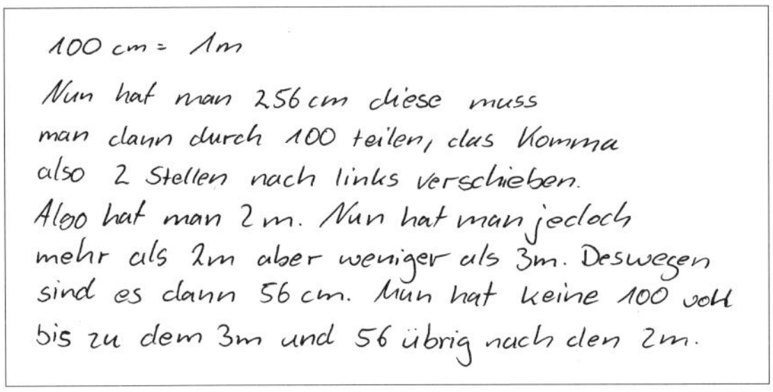

```
100 cm = 1m

Nun hat man 256 cm diese muss
man dann durch 100 teilen, das Komma
also 2 Stellen nach links verschieben.
Also hat man 2 m. Nun hat man jedoch
mehr als 2m aber weniger als 3m. Deswegen
sind es dann 56 cm. Man hat keine 100 voll
bis zu dem 3m und 56 übrig nach den 2m.
```
Abb. 90: Erklärung 4 zur Längen-Aufgabe

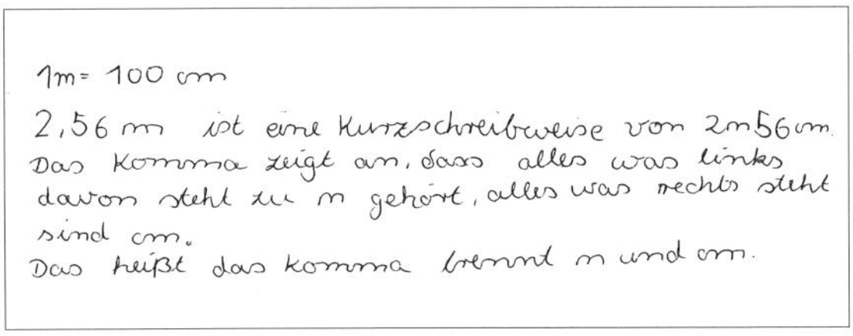

```
1m = 100 cm

2,56 m  ist eine Kurzschreibweise von 2m 56cm.
Das Komma zeigt an, dass alles was links
davon steht zu m gehört, alles was rechts steht
sind cm.
Das heißt das komma trennt m und cm.
```
Abb. 91: Erklärung 5 zur Längen-Aufgabe

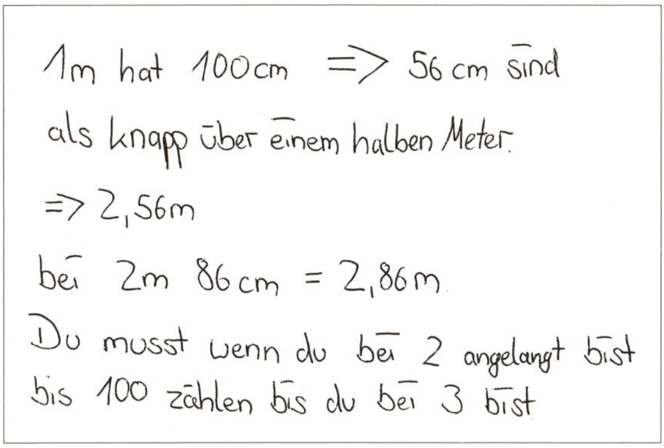

13 Schriftliche Erklärungen analysieren

> 1m hat 100cm => 56 cm sind
> als knapp über einem halben Meter.
> => 2,56m
> bei 2m 86cm = 2,86m.
> Du musst wenn du bei 2 angelangt bist
> bis 100 zählen bis du bei 3 bist

Abb. 92: Erklärung 6 zur Längen-Aufgabe

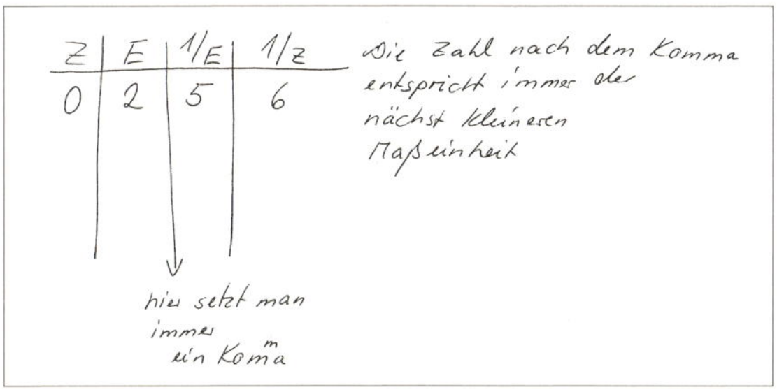

> | Z | E | 1/E | 1/Z |
> |---|---|-----|-----|
> | 0 | 2 | 5 | 6 |
>
> Die Zahl nach dem Komma entspricht immer der nächst kleineren Maßeinheit
>
> hier setzt man immer ein Komma

Abb. 93: Erklärung 7 zur Längen-Aufgabe

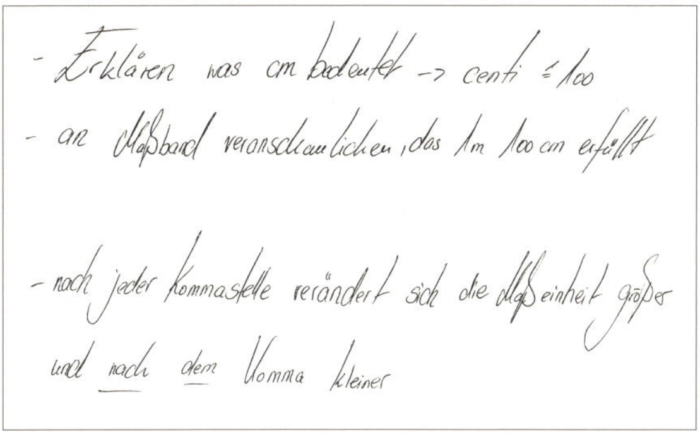

> - Erklären was cm bedeutet -> centi = 1/100
> - an Maßband veranschaulichen, das 1m 100cm erfüllt
>
> - nach jeder kommastelle verändert sich die Maßeinheit größer und nach dem Komma kleiner

Abb. 94: Erklärung 8 zur Längen-Aufgabe

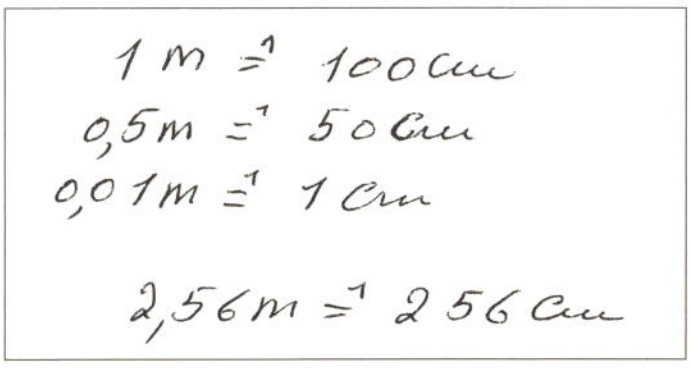

> 1 m = 100 cm
> 0,5 m = 50 cm
> 0,01 m = 1 cm
>
> 2,56 m = 256 cm

Abb. 95: Erklärung 9 zur Längen-Aufgabe

Nr. 1
Studieren und beurteilen Sie jede Erklärung.
- Was an der jeweiligen Erklärung ist gut?
- Welche Aspekte einer *guten* Erklärung lassen sich zeigen?
- Wie ist die Erklärung strukturiert?
- Gibt es fachliche Unschärfen?

Nr. 2
Beschreiben Sie die Erklärvarianten (Abb. 87–95). Worin unterscheiden sich die Erklärungen? Entwickeln Sie unterschiedliche Erklärkategorien.

Nr. 3
Entwickeln Sie für die Schülerfrage *„Ist 2,56 m dasselbe wie 2 m 56?"* eine gute und hinreichende Erklärung. Notieren Sie diese und geben Sie dann jedem Erklärschritt eine Überschrift. Begründen Sie anschließend sowohl die Reihenfolge der Erklärschritte als auch deren Inhalt.

Nr. 4
Stellen Sie sich vor, Sie würden in Ihrer Erklärung einen Zahlenstrahl verwenden. Wie bauen Sie diesen in Ihre Erklärung ein? Zeichnen Sie den Zahlenstrahl auf und dokumentieren Sie während der Erstellung schriftlich jeden Einzelschritt sowie die damit verbundenen verbalen Ausführungen.

Nr. 5
Worin unterscheiden sich die beiden nachstehenden Erklärungen? Diskutieren Sie Pro und Kontra.

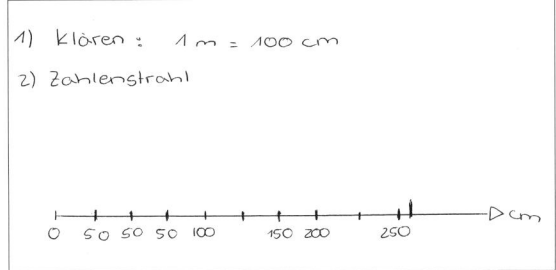

Abb. 96: Erklärung 2 zur Längen-Aufgabe

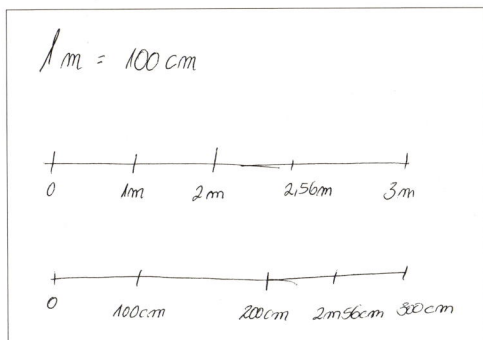

Abb. 97: Erklärung 10 zur Längen-Aufgabe

14 Erklärungen reduzieren

Es steht außer Frage, dass angehende Mathematiklehrer lernen sollten, wie mathematische Inhalte gut und insbesondere adressatenbezogen erklärt werden können. Mindestens genauso bedeutsam ist allerdings auch das Wissen darüber, wie es möglich ist, Lehrererklärungen in einem geöffneten Mathematikunterricht zu reduzieren, um Schülerinnen und Schüler zu Erklärungen aufzufordern. Dabei sollten Lehrer in der Lage sein, Erklärungen ihrer Schüler (gemeinsam mit diesen) zu beurteilen und zu vergleichen. Dies alles mit dem Ziel, sie im weiteren Unterrichtsverlauf zu optimieren.

Beispiel

Dreieckskonstruktionen werden im Mathematikunterricht in der Regel so eingeführt, dass die verschiedenen Typen von Konstruktionsaufgaben (Vorgabe von drei Seiten, Vorgabe von zwei Seiten und dem eingeschlossenen Winkel, …) in mehreren Etappen – quasi gestuft – im Unterricht thematisiert werden. Dabei wird zunächst eine Aufgabe exemplarisch gemeinsam bearbeitet. An das Anfertigen einer Planfigur schließt sich die eigentliche Konstruktion mit Zirkel und Lineal und gegebenenfalls eine Konstruktionsbeschreibung an. Anschließend wird dieser Aufgabentyp geübt – so lange, bis sich eine gewisse Routine des Konstruktionsverfahrens einstellt. Dann ist nach demselben Ablaufschema der nächste Aufgabentyp an der Reihe. Der Lehrer erklärt mit Unterstützung seiner Schüler Strategien, mittels derer Dreiecke (beispielsweise aus einem Winkel und zwei Seiten oder aus drei Seiten) konstruiert werden können. Wie der Lehrer seinen Schülern nun die verschiedenen Konstruktionstypen erklärt, welche Worte er benutzt, wie er dies veranschaulicht, das alles sind Überlegungen, die in der Vorbereitung des Unterrichts gemacht werden (sollten).

Um aber solche Lehrererklärungen im Unterricht zugunsten von Schülererklärungen zu reduzieren, müssen in der Unterrichtsvorbereitung noch weitere Überlegungen angestellt werden. Z.B. gilt es sich zu überlegen, wie eine Aufgabenstellung für Schüler so gestaltet werden kann, dass sie die Schüler durch selbst gemachte Entdeckungen zum Erklären auffordert.

Kapitel III: Erklären lernen

Mögliche Aufgabenstellung:
In Partnerarbeit haben jeweils zwei Schüler die Aufgabe, aus neun vorgegebenen Aufgabenkärtchen (Abb. 98), auf denen jeweils ein Bestimmungsstück steht, drei Kärtchen so auszuwählen, dass sich mit diesen ein (eindeutiges) Dreieck konstruieren lässt.

$a = 7$ cm	$b = 3$ cm	$c = 4$ cm
$\alpha = 50°$	$\beta = 70°$	$\gamma = 4$ cm
$h_a = 3$ cm	$w_\gamma = 4$ cm	$s_c = 3$ cm

Abb. 98: Aufgabenkärtchen zur Dreiecks-Aufgabe

Im Heft wird dieses Dreieck nach dem Anfertigen einer Planfigur konstruiert. Treten bei der Konstruktion Schwierigkeiten auf oder lässt sich das Dreieck wider Erwarten doch nicht konstruieren, dann haben die Schülerinnen und Schüler die Aufgabe, zu reflektieren und zu dokumentieren, worin die Schwierigkeiten begründet sind, d. h. warum die Konstruktion scheitert. Im Anschluss daran sollen sie argumentativ darlegen, welche(s) Bestimmungsstück(e) geändert werden könnte(n), um eine Konstruktion zu ermöglichen.

Beim Begutachten der entstandenen Schülerdokumente geht es schließlich darum, abgegebene Schülererklärungen auf Korrektheit, Vollständigkeit, Strukturiertheit, gemäß den in Kapitel I.3 abgegebenen Kriterien guten Erklärens zu charakterisieren.

Anouk und Jonas (Abb. 99) stellen fest, dass sich das Dreieck aufgrund der konkreten Zahlenwerte nicht konstruieren lässt. Sie erkennen, dass eine der kurzen Dreiecksseiten verlängert werden müsste, und dokumentieren dies entsprechend. An dieser Stelle könnte die Bearbeitung der Aufgabe für Anouk und Jonas abgeschlossen sein. Doch reicht diese Schülererklärung aus? Könnten weitere Einsichten erfolgen? Welches Feedback würden Sie Anouk und Jonas geben? Beispielsweise könnten die beiden, je nach Lernsituation, dazu angeregt werden, der Frage nachzugehen, in welcher Beziehung die Werte der drei Dreiecksseiten zueinander stehen müssen, damit ein Dreieck konstruierbar ist. Somit könnten sie der Dreiecksungleichung auf die Spur kommen.

14 Erklärungen reduzieren

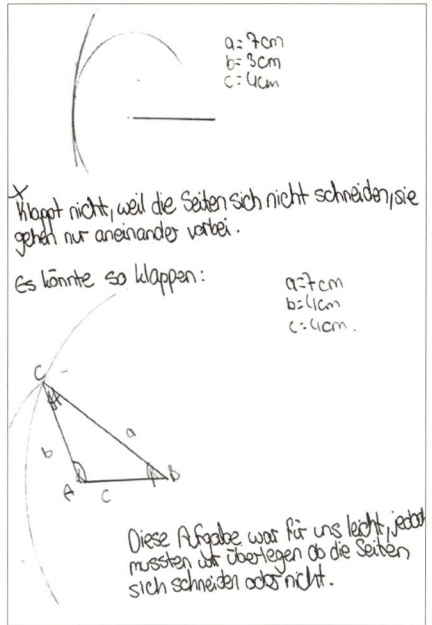

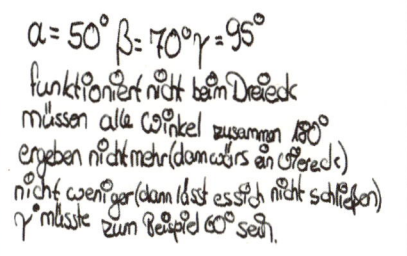

Abb. 99: Anouks und Jonas' Erklärung zur Dreiecks-Aufgabe

Abb. 100: Simonas und Luisas Erklärung zur Dreiecks-Aufgabe

Simona und Luisa (Abb. 100) greifen zunächst auf Vorwissen zurück und erklären, dass die Konstruktion mit diesen drei Winkelangaben nicht möglich ist, da die Innenwinkelsumme eines Dreiecks 180° beträgt. Sie schließen daraus, dass sich kein Dreieck konstruieren lässt, und gehen vielmehr davon aus, dass es sich um ein Viereck handeln muss, da die Innenwinkelsumme größer als 180° ist. Hier könnte sich ein erster Anknüpfungspunkt für eine differenzierende, vertiefte Weiterarbeit der beiden Schülerinnen ergeben: Wie groß ist die Innenwinkelsumme im Viereck tatsächlich? Dieser Fragestellung können die beiden selbstständig, z. B. zunächst über das Ausprobieren, nachgehen.

Im weiteren Verlauf ihres Textes schlagen Luisa und Simona vor, den Wert von γ auf 60° abzuändern. Sollten die beiden nicht einmal unabhängig voneinander solch ein Dreieck konstruieren? Eine Anregung in diese Richtung und ein Vergleich der Ergebnisse führen unter Umständen zu der Erkenntnis, dass sich aus der Angabe von drei Winkeln nicht ein eindeutiges Dreieck konstruieren lässt. Aber irgendwie sehen sich die entstandenen Dreiecke doch *ähnlich*. Auch in diese Richtung kann also weitergearbeitet werden.

Möchte man im Mathematikunterricht bewusst Lehrer-Erklärungen zugunsten von Schüler-Erklärungen reduzieren, dann sollte über folgende Fragen bereits in der Unterrichtsvorbereitung nachgedacht werden:

- Welche Kriterien sollten vollständige Schülererklärungen beinhalten?
- Wie genau und detailliert sollten Schülererklärungen sein?

Lernpotenzial

Im Mathematikunterricht sollen Schülerinnen und Schülern bestimmte Kompetenzen erwerben. Sollen sich Schüler fachliche Aspekte durch Entdeckungen selbst erklären, dann muss – vor der Entwicklung einer passenden Lernumgebung – der entsprechende Inhalt vom Lehrer vorstrukturiert werden. Er muss zudem überlegen, wie die wichtigsten und elementaren Inhalte der jeweiligen Thematik in einer offenen Aufgabe am besten zum Tragen kommen könnten.

Lernanangebot

Nr. 1
Ein Schüler versteht nicht, dass ein Quadrat dasjenige Viereck ist, das bei vorgegebenem Umfang den maximalen Flächeninhalt hat.
a) Stellen Sie sich vor, Sie sitzen mit diesem Schüler am Tisch und haben nur noch wenige Minuten Unterrichtszeit zur Verfügung, um diesem Schüler den Sachverhalt noch einmal zu erklären. Notieren Sie genau, was Sie diesem Schüler sagen. Fertigen Sie auch eine Skizze an.
b) Nun stellen Sie sich vor, es würde mehr Lernzeit zur Verfügung stehen. Entwickeln Sie eine Aufgabenstellung, die es dem Schüler ermöglicht, diese Beziehung selbst zu entdecken. Notieren Sie dann weitere konkrete Aufgabenstellungen, die den Schüler auffordern, seine Entdeckungen schriftlich festzuhalten.

Nr. 2
Erklären Sie einem Schüler, was man unter einer irrationalen Zahl versteht. Notieren Sie den genauen Wortlaut. Entwickeln Sie anschließend eine Aufgabenstellung, bei deren Bearbeitung Schülerinnen und Schüler zunächst selbst entdecken und sich schließlich auch selbst erklären können, was eine irrationale Zahl ist. Formulieren Sie konkrete Aufgabenstellungen, die Schülerinnen und Schüler auffordern, ihre Entdeckungen schriftlich festzuhalten.

Nr. 3
Zur Innenwinkelsumme im Dreieck existieren unterschiedliche Zugangsmöglichkeiten für den Mathematikunterricht: Diskutieren Sie, welche dieser Möglichkeiten sich dazu eignen, die Schüler sich mathematische Inhalte selbst erschließen zu lassen.

14 Erklärungen reduzieren

Zugang 1: Von einem Papierdreieck werden die Ecken abgerissen und aneinandergelegt.

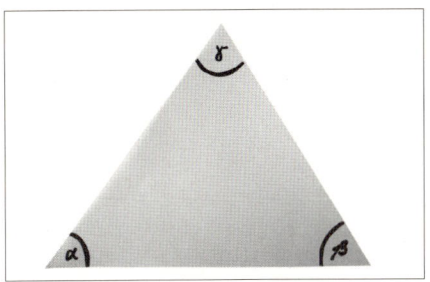
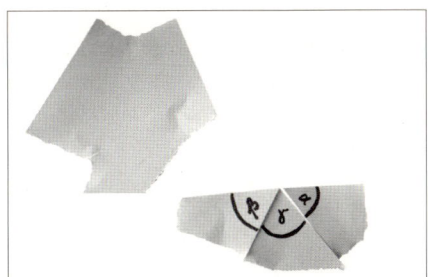

Abb. 101: Zugang 1 zur Innenwinkelsumme von Dreiecken

Zugang 2: Die Ecken eines Papierdreiecks werden nach innen gefaltet.

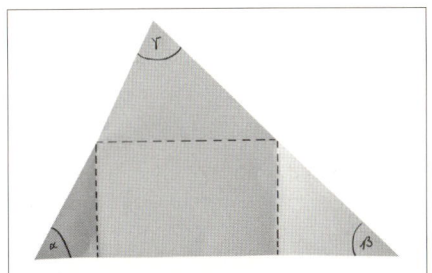

Abb. 102: Zugang 2 zur Innenwinkelsumme von Dreiecken

Zugang 3: Deckungsgleiche Dreiecke werden parkettiert.

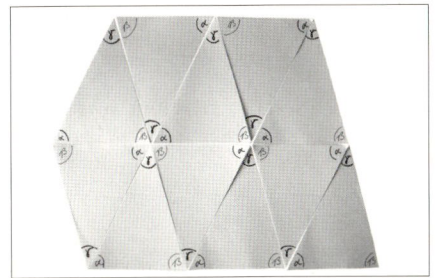

Abb. 103: Zugang 3 zur Innenwinkelsumme von Dreiecken

Zugang 4: Ein Dreieck wird mithilfe eines Männchens „abgelaufen". Hierbei wird die Blickrichtung des Männchens beachtet. Das Männchen beginnt beim Startpunkt und geht vorwärts los. Die Seiten des Dreiecks sind seine Wege. Kommt es an Punkt A an,

Kapitel III: Erklären lernen

dann dreht es sich gegen den Uhrzeigersinn und geht anschließend rückwärts weiter in Richtung C. Dort dreht es sich wieder gegen den Uhrzeigersinn und geht dann vorwärts weiter zu B. Nach einer letzten Drehung gegen den Uhrzeigersinn geht es wiederum rückwärts zum Startpunkt. Das Männchen, das vorwärts losgegangen ist, kommt rückwärts zum Startpunkt zurück. Es hat sich also um 180° gedreht.

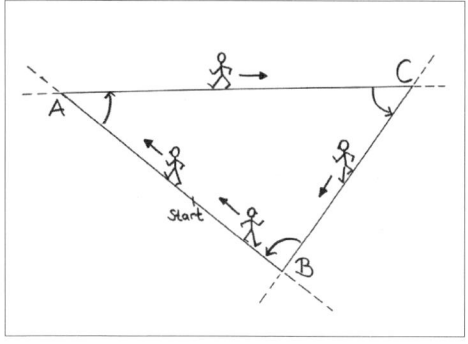

Abb. 104: Zugang 4 zur Innenwinkelsumme von Dreiecken

Zugang 5: Verschiedene Dreiecke werden gezeichnet und ihre Winkel ausgemessen. Die Ergebnisse werden in einer Tabelle festgehalten.

Dreieck	α	β	γ	Summe
A	70°	78°	34°	182°
B	47°	55°	75°	177°
C	37°	28°	117°	182°

Abb. 105: Zugang 5 zur Innenwinkelsumme von Dreiecken

Zugang 6: Die Innenwinkelsumme wird über den Wechselwinkelsatz bewiesen.

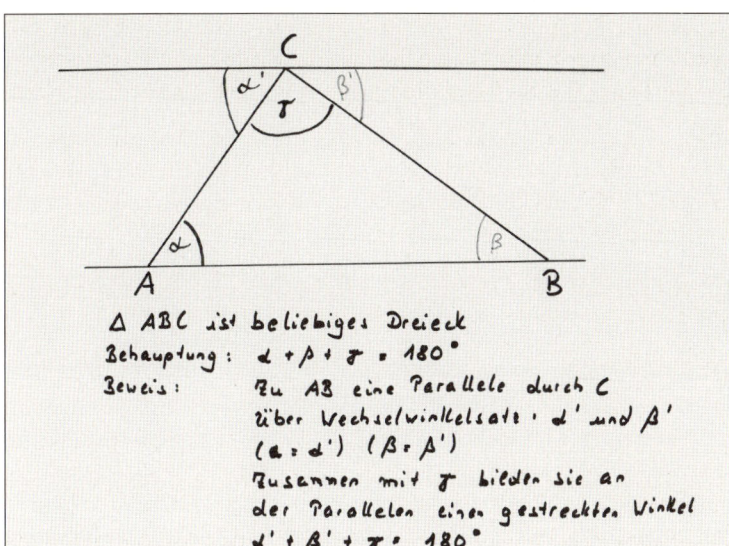

Abb. 106: Zugang 6 zur Innenwinkelsumme von Dreiecken

15 Spielerisch Erklären lernen

Die vorhergehenden Lernangebote zum Erklärenlernen weisen einen deutlichen Übungscharakter auf. Erklären soll geübt werden. Da eines der wichtigsten Grundprinzipien des Übens die Abwechslung ist, möchten wir in diesem Lernangebot – eben diesem Prinzip folgend – eine Übung vorstellen, die in einem spielerischen Rahmen zum Erklärenlernen anregt. Hierzu bedienen wir uns des bekannten Gesellschaftsspiels *Tabu*. Dieses Spiel eignet sich dazu, das Erklären von Begriffen zu fördern, ohne dass dies als Üben empfunden wird. Doch nicht nur beim Spielen, sondern auch beim selbstständigen Entwickeln von Erklärkarten für dieses Spiel werden wichtige Erklärfähigkeiten gefördert, indem beispielsweise Schlüsselbegriffe identifiziert werden müssen, die für das Erklären des jeweiligen Begriffs wichtig sind.

Beispiel

Ein Spieler erklärt seiner Mannschaft anhand einer Spielkarte einen bestimmten mathematischen Begriff. Dabei darf er die ebenfalls auf der Karte abgedruckten Tabu-Wörter unter keinen Umständen verwenden. Seine Mannschaft versucht, den Begriff zu erraten, woraufhin der Spieler den nächsten Begriff erklärt.

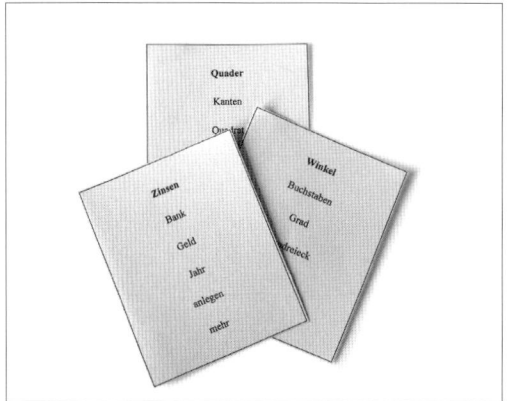

Abb. 107: Spielkarten

Wird – gegen die Regeln – ein Tabu-Wort benutzt, muss der Spieler zur nächsten Karte übergehen und dieser Begriff wird nicht gewertet. Ziel ist es, in einer vorgegebenen Zeit möglichst viele Begriffe zu erraten.

Um zu erfahren, welches Lernpotenzial im Erstellen der Spielkarten liegt, überlegen Sie sich doch einmal, mit welchen Schlüsselwörtern Sie den Begriff *Gleichung* erklären würden. Fertigen Sie nun eine Spielkarte an.

Welche Überlegungen haben Sie angestellt, als Sie über die Begriffe nachgedacht haben, die nicht verwendet werden dürfen? Haben Sie sich überlegt, wie Sie selbst den Begriff anschaulich erklären würden? Haben Sie sich überlegt, wie Sie den Begriff zu anderen abgrenzen können? Dann tauchen möglicherweise Wörter wie *Waage, x, Variable, Unbekannte, auflösen, gerecht, rechts, links* auf der Karte auf. Für welche dieser Wörter haben Sie sich entschieden? Warum?

Lernpotenzial

Um einen Begriff in relativ kurzer Zeit erfolgreich erklären zu können, sollte man Schlüsselbegriffe verwenden. Schlüsselbegriffe können sowohl wichtige Merkmale eines Begriffs als auch Beispiele oder Gegenbeispiele sein. Teilweise dienen auch verwandte Begriffe oder Wörter, die mit dem gesuchten Begriff vernetzt sind, als Schlüsselbegriffe. Beim Erstellen von Erklärkarten können die Überlegungen, welche Begriffe als Schlüsselwörter zu einem bestimmten Begriff fungieren, gefördert werden.

Lernangebot

Nr. 1

Überlegen Sie sich zehn Begriffe aus dem Mathematikunterricht der Klassen 5 bis 10, die auf Spielkarten geschrieben werden können, und finden Sie dann „verbotene" Schlüsselbegriffe, mit deren Hilfe Sie diese Begriffe gut erklären könnten.

15 Spielerisch Erklären lernen

Nr. 2
Betrachten Sie die unvollständigen Karten in Abbildung 108 und ergänzen Sie diese sinnvoll. Erstellen Sie weitere unvollständige Spielkarten und lassen Sie diese durch Ihre Lernpartner ergänzen.

Gleichsetzungsverfahren	------------------------------
beide	Dreieck
zwei	rechter Winkel
einsetzen	gegenüber
------------------------	Gegenkathete
------------------------	Ankathete

Median	------------------------------
Statistik	Dreieck
Zentralwert	Strecke
arithmetisches Mittel	Mittelpunkt
------------------------	gegenüber
------------------------	Schwerpunkt

Kapitel III: Erklären lernen

LaPlace-Experiment	-------------------
Zufall	Bruchteil
würfeln	Einheit
Ereignis	Dezi
gleich	Mikro
-------------------	Nano

Abb. 108: Spielkarten – unvollständig

Nr. 3
Versuchen Sie, möglichst viele mathematische Begriffe ausschließlich mithilfe der folgenden zehn Substantive zu erklären.

Punkt
Seiten
Strecke
Vektor
Pfeil
Richtung
Ecken
Kanten
Winkel
Fläche

Abb. 109: Spielkarte – Substantive

Nr. 4
Entwickeln Sie eine weitere Liste mit zehn Substantiven, mithilfe derer möglichst viele Begriffe aus unterschiedlichen mathematischen Themengebieten erklärt werden können.

Nr. 5
Spielen Sie Ihr selbst entwickeltes Spiel Tabu. Diskutieren Sie während des Spiels Auffälligkeiten, beispielsweise den Umgang mit Fachbegriffen. Gibt es Schlüsselwörter, die nicht auf der Karte stehen, die jedoch zu einer guten Erklärung gehören?

Literaturverzeichnis

Ausubel, David P. (1960): The use of advance organizers in the learning and retention of meaningful verbal material. In: Journal of Educational Psychology, 51, S. 267–272.
Ball, Deborah; Bass, Hyman (2009): Mit einem Auge auf den mathematischen Horizont: Was der Lehrer braucht für die Zukunft seiner Schüler. Präsentiert auf der Dreiundvierzigsten Jahrestagung für Didaktik der Mathematik, Oldenburg, Deutschland, 2.–6. März 2009.
Bartelborth, Thomas (2007): Erklären. Berlin: De Gruyter.
Bauersfeld, Heinrich (1972): Einige Bemerkungen zum „Frankfurter Projekt" und zum „alef"-Programm. In: E. Schwartz (Hrsg.): Materialien zum Mathematikunterricht in der Grundschule. Frankfurt/M.: Arbeitskreis Grundschule e. V., S. 237–246.
Bauersfeld, Heinrich (2002): Interaktion und Kommunikation. In: Grundschule, Heft 3, S. 10–14.
Baumert, Jürgen et al. (2009): Coactiv-R Research-Questions. http://www.mpib-berlin.mpg.de/coactivr/englisch/research-questions/index.php (Recherchiert am 04.08.09).
Bönig, Dagmar (1995): Multiplikation und Division: Empirische Untersuchungen zum Operationsverständnis bei Grundschülern. Münster: Waxmann.
Brinker, Klaus et al. (Hrsg.) (2001): Text- und Gesprächslinguistik. 2. Halbband/Volume 2. Berlin, New York: De Gruyter.
Brüning, Ludger; Saum, Tobias (2007): Erfolgreich unterrichten durch Visualisieren. Essen: Neue deutsche Schule Verlagsgesellschaft mbH.
Bruner, Jerome S. (1971): Über kognitive Entwicklung. In: Bruner, J. S. et al.: Studien zur kognitiven Entwicklung. Stuttgart: Klett. S. 21–53.
Bruner, Jerome S. (1971): The relevance of education. New York: Norton.
Checkland, Peter (1981): Systems thinking, systems practice. Chichester: Wiley.
Comenius, Johann Amos (1993): Große Didaktik. Übersetzt von Flitner, Andreas. Stuttgart: Klett Cotta.
Drollinger-Vetter, Barbara (2009): „Verstehenselemente" im Mathematikunterricht. In: Beiträge zum Mathematikunterricht. http://www.mathematik.uni-dortmund.de/ieem/BzMU/BzMU2009/Beitraege/alle%20ModSek/Kuntz_ModSek/DROLLINGER_Barbara_2009_Verstehenselemente.pdf (Recherchiert am 26.11.2010).
Ebster, Claus; Stalzer, Lieselotte (2008): Wissenschaftliches Arbeiten für Wirtschafts- und Sozialwissenschaftler. Wien: Facultas Verlags- und Buchhandels AG.
Ernest, Paul (2006): Reflections on Theories of Learning. In: Zentralblatt für Didaktik der Mathematik (ZDM), 38 (1), S. 3–7.
Franke, Marianne (2000): Didaktik der Geometrie. Heidelberg: Spektrum.
Gage, N. L. et al. (1968): Exploration of the Teachers's Effectivness in Explaining. Technical. Report No. 4. Stanford Center for Research and Development in Teaching. Stanford, California.
Gagné, M.; Deci, E. L. (2005): Self-determination theory and work motivation. In: Journal of Organizational Behavior, 26, S. 331–362.
Gallin, Peter; Ruf, Urs (1998): Sprache und Mathematik in der Schule. Seelze: Kallmeyer.
Grimm, Jakob und Wilhelm (1862): Deutsches Wörterbuch. Leipzig: Verlag von S. Hirzel.
Heckmann, Gustav (1981): Das sokratische Gespräch. Hannover: Schroedel.
Hempel, Carl Gustav; Lenzen, Wolfgang (1977): Aspekte wissenschaftlicher Erklärung. Berlin: De Gruyter.
Hempel, Carl Gustav; Oppenheim, Paul (1988): Studies in the Logic of Explanation. In Pitt, J.: Theories of explanation. New York: Oxford Univ Press. S. 9–50.
Hirmer, Monika; Hirmer, Erhard (1997): Gripsfit; 5./6. Jahrgangsstufe. Kopierhefte mit Pfiff. Puchheim: pb-Verlag.
Holland, Gerhard (1996): Geometrie in der Sekundarstufe. Heidelberg: Spektrum.
Kerschensteiner, Georg (1953): Begriff der Arbeitsschule. München: Oldenbourg.

Kiel, Ewald (1999): Erklären als didaktisches Handeln. Würzburg: Ergon Verlag.
Klann-Delius, Gisela (1987): Describing and Explaining discourse structure: The case of explaining Games. In: Linguistics, 25. Berlin: De Gruyter. S. 145–199.
Klappenbach, Ruth; Steinitz, Wolfgang (Hrsg.) (1977): Wörterbuch der deutschen Gegenwartssprache. Berlin: Akademie Verlag.
Krauss, S. et al. (2004): COACTIV: Professionswissen von Lehrkräften, kognitiv aktivierender Mathematikunterricht und die Entwicklung von mathematischer Kompetenz. In: Doll, J.; Prenzel, M. (Hrsg.): Bildungsqualität von Schule: Lehrerprofessionalisierung, Unterrichtsentwicklung und Schülerförderung als Strategien der Qualitätsverbesserung. Münster: Waxmann. S. 77–108.
Kuntze, Sebastian; Prediger, Susanne (2005) (Hrsg.): Ich schreibe, also denk' ich. Über Mathematik schreiben. Praxis der Mathematik in der Schule (PM), 47 (5), S. 1–6.
Leinhardt, Gaea; Smith, Donald, A. (1985): Expertise in Mathematics Instruction: Subject Matter Knowledge. In: Journal of Education Psychology, 77 (3), S. 247–271.
Leisen, Josef (2007): Das Erklären im Unterricht. In: Der mathematische und naturwissenschaftliche Unterricht (MNU), 60, S. 459–462.
LEMA (2010): Learning and Education in and through Modelling and Applications. http://lema-project.org (Recherchiert am 16.02.2011).
Leuders, Timo (2007): Mathematik-Methodik: Handbuch für die Sekundarstufe I und II. Berlin: Cornelsen Verlag Scriptor.
Lompscher, Joachim (1972): Probleme der Ausbildung geistiger Handlungen. Berlin: Volk und Wissen.
Lompscher, Joachim (1972): Theoretische und experimentelle Untersuchungen zur Entwicklung geistiger Fähigkeiten. Berlin: Volk und Wissen.
Lorenz, Jens Holger (2002): Kinder reden über ihre Rechenwege. In: Grundschule, Heft 3, S. 25–27.
Ma, Liping (1999): Knowing and Teaching Elementary Mathematics: Teachers' Understanding of Fundamental Mathematics in China and the United States. Mahwah, NJ: Lawrence Erlbaum Associates.
Maier, Hermann (2000): Schreiben im Mathematikunterricht. In: Mathematik lehren, 99, S. 10–13
Neubrand, (2005): Professionelles Wissen von Mathematik-Lehrerinnen und Lehrern: Konzepte und Ergebnisse aus der PISA- und der COACTIV-Studie und Konsequenzen für die Lehrerausbildung. http://www.lbz.uni-koeln.de/download/isbn_3_932174__70_4/5_Neubrand.pdf (Recherchiert am 26.11.2010).
Peter-Koop, Andrea (2003): „Wie viele Autos stehen in einem 3-km-Stau?" Modellbildungsprozesse beim Bearbeiten von Fermi-Problemen in Kleingruppen. In Ruwisch, S.; Peter-Koop, Andrea (Hrsg.): Gute Aufgaben im Mathematikunterricht der Grundschule. Offenburg: Mildenberger. S. 111–130.
Piaget, Jean (1981): Jean Piaget über Jean Piaget. München: Kindler.
Popper, Karl R. (2005): Logik der Forschung. Tübingen: Mohr Siebeck.
Rademacher, Bärbel (1986): Effektiv und lebendig unterrichten – Visualisieren. Lichtenau: AOL-Verlag.
Reusser, Kurt; Pauli, Christine (2003): Mathematikunterricht in der Schweiz und in weiteren sechs Ländern. Bericht über die Ergebnisse einer internationalen und schweizerischen Video Unterrichtsstudie. Universität Zürich: Pädagogisches Institut.
Roberts, Rosemary (1999): What makes an explanation a good explanation? Thesis. Memorial University of Newfoundland. http://www.collectionscanada.gc.ca/obj/s4/f2/dsk1/tape7/PQDD_0006/MQ42436.pdf (Recherchiert am 10.08.2010).
Ruf, Urs; Gallin, Peter (1999): Dialogisches Lernen in Sprache und Mathematik. Band 2: Spuren legen – Spuren lesen. Unterricht mit Kernideen und Reisetagebüchern. Seelze: Kallmeyer.
Schütte, Sybille (2002): Das Lernpotenzial mathematischer Gespräche nutzen. In: Grundschule, Heft 3. S. 16–18.
Seifert, Josef W. (1989): Visualisieren, Präsentieren, Moderieren. Offenbach: Gabal Verlag.

Shulman, Lee (1986): Those who understand: Knowledge growth in teaching. In: *Educational Researcher*, Vol. 15, No. 2, S. 4–14.

Voigt, Jörg (1984): Interaktionsmuster und Routinen im Mathematikunterricht. Weinheim und Basel: Beltz Verlag.

Voigt, Jörg (1993): Unterschiedliche Deutungen bildlicher Darstellungen zwischen Lehrerin und Schülern. In: Lorenz, J. H. (Hrsg.): Mathematik und Anschauung. Untersuchungen zum Mathematikunterricht. Köln: Aulis Verlag. S. 147–166.

Wagner, Anke; Wörn, Claudia (2009): Erklärend handeln – handelnd erklären. In: Beiträge zum Mathematikunterricht. Hildesheim, Berlin: Verlag Franzbecker.

Wagner, Anke; Wörn, Claudia; Kuntze, Sebastian (2009): Developing explanatory competencies. In: Conference Pre-Proceedings of the 10th International Conference: Models in Developing Mathematics Education. Dresden. http://math.unipa.it/~grim/21_project/Wagner570-574.pdf (Recherchiert am 26.11.2010).

Wagner, Anke; Wörn, Claudia (2010): Von SSS bis WWW – Dreieckskonstruktionen differenziert und argumentativ erkunden. In: Mathematik 5 bis 10, Heft 12, S. 22–25.

Wagner, Anke; Wörn, Claudia; Kuntze, Sebastian (2010): Kann man erklären lernen? – Ein Unterrichtsmodell zur Förderung von Erklärkompetenzen bei angehenden Lehrern unter Verwendung didaktischer Materialien. In: Kirchner, Peter et al. (Hrsg.): TRANSFER. Ludwigsburger Hochschulschriften.

Willmann, Otto (1957): Didaktik als Bildungslehre. Freiburg, Wien: Herder Verlag.

Wissenschaftlicher Rat der Dudenredaktion (1999): Duden – Das große Wörterbuch der deutschen Sprache. S. 1082. Mannheim: Dudenverlag.

Wragg, E. C.; Wood, E. K. (1984): Pupil Appraisals of teaching. In: Wragg, E. C.: Classroom Teaching Skills. London, Nichols Pub. Co. New York: Croom Helm. S. 79–96.

Zech, Friedrich (1995): Mathematik erklären und verstehen. Berlin: Cornelsen Verlag.

Zech, Friedrich (2002): Grundkurs Mathematikdidaktik. Weinheim und Basel: Beltz Verlag.

Stichwortverzeichnis

Ablaufdiagramm 70
Abstraktionsgrad 30, 55
Adhoc-Erklärung 22, 29, 33, 88, 113, 119
Adressatenbezogene Kriterien 30, 31, 118, 121
Adressatenbezug 20, 30
Advance Organizer 109, 113
Analogie 20, 45, 46, 52, 55

Begriffsbildungsprozess 33, 34, 39
Begriffserklärungen 33
Begriffslernen 33, 34
Brüche 21, 22, 32, 37, 42, 51, 52, 64–67, 84, 85, 104

Darstellung 19, 28, 41, 46, 49, 50, 51, 56, 65, 74, 75, 78–91, 93, 95–97, 104, 111, 115, 116, 127, 128
Deduktives Erklären 20, 46, 52, 54, 55
Diagramm 69–78, 81
Didaktische Reduktion 30, 100, 127
Dreieck 105, 112, 115, 125, 135–141, 143

Enaktiv 46, 49, 50, 108
Erkläranlass 18, 23–26
Erklärcoda 23–25
Erklärfähigkeit 19, 62, 141
Erklärgegenstand 22, 25, 26, 27, 28, 29, 31, 33, 37, 41, 42, 46, 71, 74, 117, 131
Erklärinitiierung 23–25
Erklärkarte 104–107, 141, 142
Erklärkategorien 42, 134
Erklärmodell 9, 25
Erklärprozess 14, 20, 23–26, 29, 42, 45, 61
Erklärschleife 26
Erklärschritte 74, 134
Erklärsequenz 23, 107, 112, 116, 117, 119, 121, 123
Erklärtiefe 30, 31, 99
Erklärungswissen 8, 19–21
Erklärvariante 19, 30, 31, 46, 64, 65, 98, 100, 101, 108, 127, 130, 131, 134
Explanandum 12, 13, 23, 24, 28
Explanans 12, 13

Flächeninhalt 33, 42, 107, 109, 111, 114, 138
Flussdiagramm 50, 69–78

Geplante Erklärung 22, 23, 91
Gleichung 8, 22, 33, 35, 38, 41, 42, 68, 93, 98, 106, 114, 123, 124, 136, 142,
Grundvorstellung 21, 99, 127–130
Gutes Erklären 20, 26–31, 47, 59, 61, 117

Handlungserklärung 35, 36

Ikonisch 46, 49, 50, 54, 64, 79, 82, 84, 88, 89, 104, 108, 127, 128
Induktives Erklären 20, 46, 25–55
Inhaltliche Kriterien 28, 31, 118, 121
Innenwinkelsumme 42, 137–141
Intermodaler Transfer 41, 50, 79
Intramodaler Transfer 41, 50, 79, 81

Konstruktivistisch 10, 14, 18, 20, 46
Kriterien 8, 9, 19, 20, 26, 28, 30, 31, 56, 74, 109, 117, 118, 121, 125, 136, 138
Kritzelbilder 56–58

Leitidee 33, 37, 41, 42
Lerntagebuch 47, 48

Mittelsenkrechte 22, 33, 42–44, 125, 126
Modellierungsaufgabe 27, 32, 71, 86, 94, 96, 115, 117, 118, 121
Mündliches Erklären 21, 31, 46–49, 95, 97, 116–124

Parallelogramm 107, 110, 111
Passung 91–97, 118,
Professionswissen 18, 19, 127
Prozente 33, 39, 40, 51, 69, 81, 82, 87, 88
Pythagoras 67

Rahmungsdifferenz 46, 47
Repräsentationsformen 49, 65
Rückschaltprinzip 130, 131

Schreibgespräch 47, 48
Schriftliches Erklären 8, 21, 23, 26, 31, 37, 42, 46–49, 116, 125–134
Schülerfehler 18, 21, 23, 24, 107, 118
Strukturelle Kriterien 26, 31, 121
Symbolisch 46, 49, 50, 53, 54, 64, 65, 72, 79, 104

149

Abbildungsnachweis

Term 33, 37, 41, 92, 93, 124
Themenstudie 47, 48
Trapez 33, 107, 109, 110

Umkreismittelpunkt 42, 125, 126
Ungeplante Erklärung 22, 23

Variablen 38, 94, 104, 125, 142
Veranschaulichung 21, 24, 28–31, 46, 49–52, 60, 66, 78, 81, 82, 85, 86, 88–90, 107, 110–112, 128
Verständnis 14, 19, 21, 33, 34, 45, 46, 48, 50, 68, 75, 79, 99, 108
Verständnislücke 21, 23, 27, 63–69, 98
Verstehenselement 22, 28, 29, 31, 45, 63, 68, 69, 91, 107, 118
Visualisierung 10, 21, 50, 91, 93

Warum–Erklärung 20–22, 32, 37–42, 44, 45, 48, 127
Was–Erklärung 22, 32, 33, 37, 42, 43, 45, 48
Wie–Erklärung 22, 35–37, 42, 43, 45
Winkel 50, 51, 105, 107, 112, 113, 135, 137, 138, 139, 140, 141, 143, 144
Wissenslücke 21, 23, 26, 27, 30, 31, 37, 45, 63–68
Wissensspeicher 47, 48, 107

Zahlenstrahl 51, 81, 82, 90, 134

Abbildungsnachweis

S. 15, S. 16 und S. 17 aus: Ewald Kiel, Erklären als didaktisches Handeln, Würzburg: Ergon Verlag, 1999
S. 52: „Denken und Rechnen 1", Hrsg. R. Schmidt, Westermann-Verlag, 1. Auflage, 1989, S. 35
S. 94: © Richard Phillips 2002, www.problempictures.co.uk